图书在版编目（CIP）数据

气象密码 /（英）约翰·伍德沃德著；杨霏云，朱玉洁译．-- 北京：科学普及出版社，2022.1（2023.8 重印）
（DK 探索百科）
书名原文：E.EXPLORE DK ONLINE:WEATHER
ISBN 978-7-110-10355-5

Ⅰ．①气… Ⅱ．①约… ②杨… ③朱… Ⅲ．①气象学—青少年读物 Ⅳ．① P4-49

中国版本图书馆 CIP 数据核字（2021）第 202111 号

总 策 划：秦德继
策划编辑：王 菡 许 英
责任编辑：高立波
责任校对：邓雪梅
责任印制：李晓霖
正文排版：中文天地
封面设计：书心瞬意

著作权合同登记号：01-2021-5821

www.dk.com

科学普及出版社出版
北京市海淀区中关村南大街 16 号
邮政编码：100081
电话：010-62173865 传真：010-62173081
http://www.cspbooks.com.cn
中国科学技术出版社有限公司发行部发行
北京华联印刷有限公司承印
开本：889 毫米 ×1194 毫米 1/16
印张：6 字数：200 千字
2022 年 1 月第 1 版 2023 年 8 月第 5 次印刷
定价：49.80 元
ISBN 978-7-110-10355-5/P・222

DK探索百科

气象密码

[英] 约翰·伍德沃德／著
杨霏云　朱玉洁／译
俞小鼎／审校

科学普及出版社
·北　京·

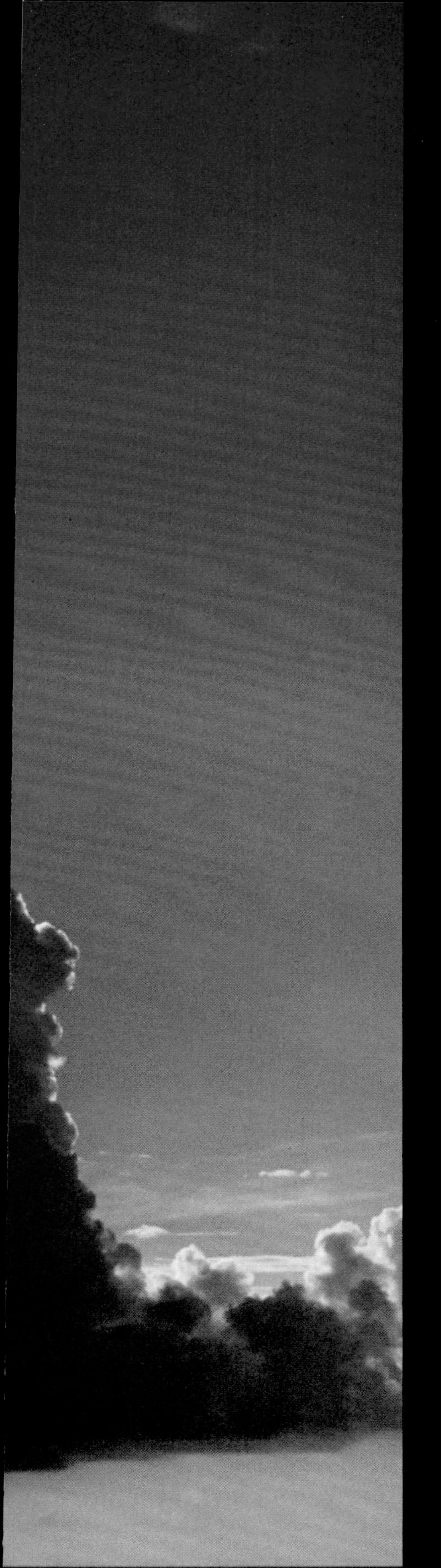

目 录

天气与气候

我们对天气都很感兴趣，想知道今天的天气是热还是冷，是潮湿还是干燥，该穿什么，是不是去海滩的好日子。有些人为了谋生或生存必须了解天气。一场严重的暴风雨会使农作物受损或使渔船沉没。极端的天气甚至会毁灭整个城市，引起可怕的饥荒。因此，天气对我们的生活有很大影响。

气候

干旱和沙尘

一个地区长期统计的平均天气状况称之为气候，尽管一年的气候是逐渐变化的，但还是可以预测的。例如，像撒哈拉沙漠这样的地区总是相对干旱和贫瘠的，那里偶尔也会有暴风雨，但每年的平均降雨量却绝对不够弥补被蒸发到空中的水分。

茂密和葱绿

沿海地区一般有大量的降雨。虽然沿海地区的夏季是一年最干暖的，但比内陆地区还是要湿润。由于受海洋性气候的影响，沿海地区冬季也永远不会像同纬度地区的内陆那么冷。在这种温和的气候中，植物生长旺盛，无论是什么季节到处是郁郁葱葱的景象。

▲雨阻止玩耍

天气是一种复杂的综合性的大气状况，它包括温度、云量、风和雨等多种要素。这些要素总是变化的，而且一些地区的气候比其他地区更加多变。像英国这样的地方，其多变的天气是家喻户晓的。户外活动如网球联赛，往往会因下雨而中断。像加利福尼亚等另一类地区则不然，整个夏季人们都可以享受到阳光。

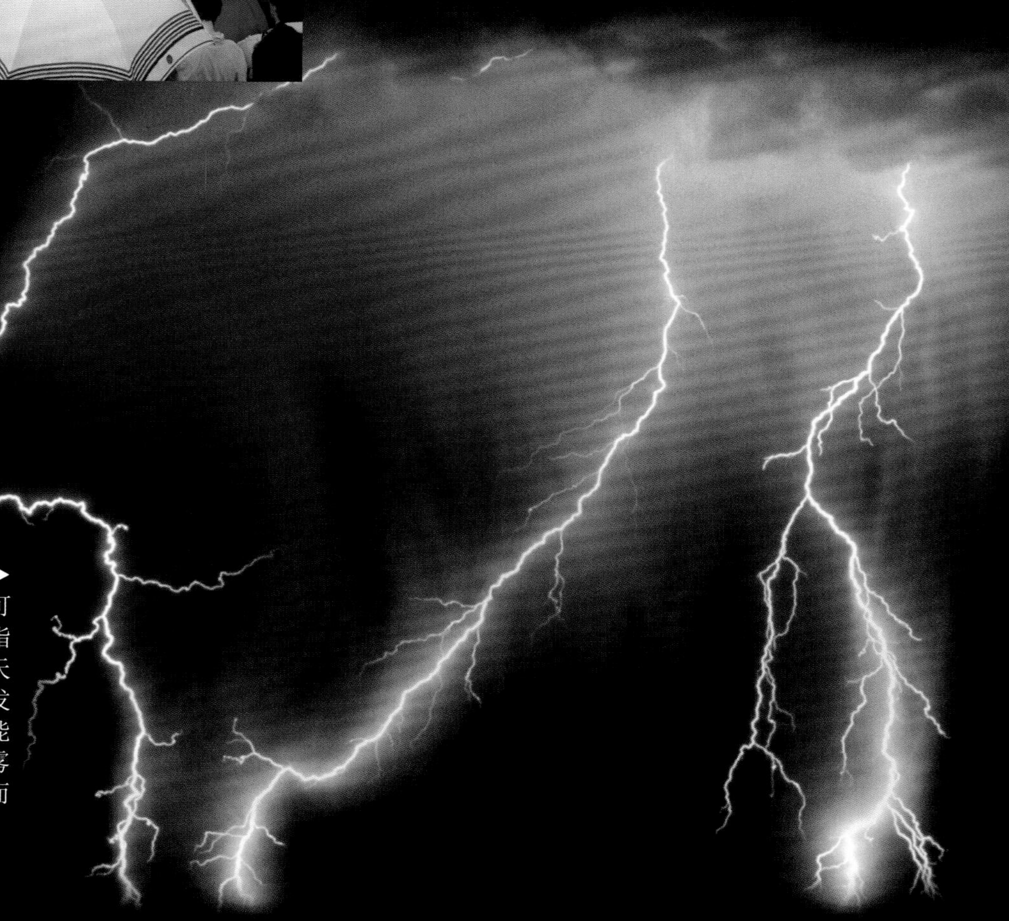

闪电是不可控制的——我们不知道什么地方将会出现闪电

不可主宰的力量▶

天气是人们不可主宰的。虽然我们可以了解它和预测它，但不能让它听我们指挥。我们只能保护自己避免遭受剧烈的天气灾害，并学会预测这些天气事件会暴发的时间。但有时我们所做出的事情是可能影响天气的。例如，大气污染造成的烟雾和雾霾，正在导致全球性气候变化，然而这种变化的后果又是我们无法主宰的。

◀流动着的大气

由大气层中的空气流动形成了天气。大气层是围绕着地球的空气层。大气层流动的方式是相当复杂的，但是它绝对是遵循着我们能够理解的方式在运动。这就使我们预报天气成为可能，但是大气层的确切运动实际上仍然是难以预测的。例如预报员预报将要下雨，但他们很难说准在何时何地降雨。

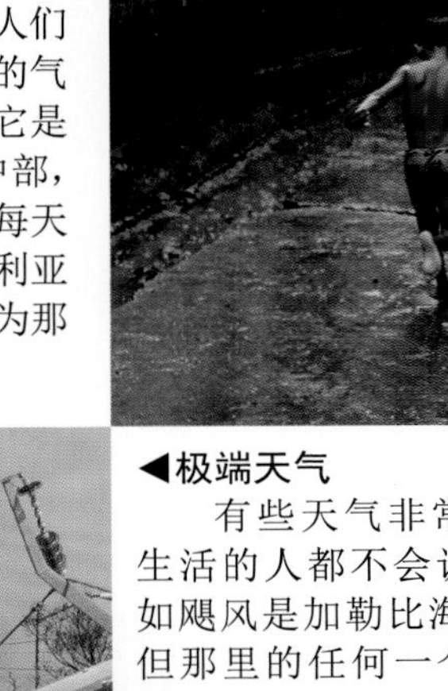

正常天气▶

正常天气和极端天气的区别主要看你所在的地方而定。世界上有些地区的经常性天气在生活于另一些地区的人们看来却是极端的。这种天气在当地的气候中是典型的，那么当地人就认为它是正常天气。比如说在印尼爪哇岛中部，暴雨是完全正常的天气，那里几乎每天都有雷暴。但如果暴雨出现在澳大利亚的悉尼，就会当作新闻来报道，因为那里的气候相对干旱得多。

◀极端天气

有些天气非常极端，在任何地方生活的人都不会认为它是正常的。比如飓风是加勒比海地区气候的一部分，但那里的任何一个地点，也很少遭受“两次以上”的飓风袭击。因此，对于飓风从大海横扫过来，袭击岛屿和城市，人们事先却毫无提防。左图所示为2005年10月飓风“威尔玛”袭击了墨西哥的坎昆的惨状：建筑物被推倒，供电设施被摧毁。

预报天气

由于新技术的运用和人们对天气变化方式理解的加深，天气预报一直都在完善。卫星和自动气象站所收集的信息被输入功能强大的计算机，就可以逐日提供全世界各地的天气图片。计算机对这些材料数据加以处理，就可预报出未来几天将会有什么样的天气形势。卫星甚至可为人们提供在太空中所观察到的天气景象。如本图所示为飓风正在袭击美国东海岸的卫星图片。

▼气候的恶兆

从历史上大部分情况来看，人们习惯于当地气候，气候变化一般不太大。人类可能经历过干旱、暴风雨或霜冻等极端气候事件，但人们知道天气总会转为正常。但是在当今剧烈的气候变化的威胁下，人类已经感觉到气候不再如往常。现在每一次异常的气候变化，都可能是未来气候的一种不可预测的征兆。因此，探索天气比以往任何时候都更加重要。

太空中的地球

地球的大小和在太空中的位置决定了地球上的天气及其变化。地球是围绕太阳这一恒星旋转的八大行星之一。大部分带外行星是巨大的气态球体，内核较小，由岩石构成。地球与太阳的距离较近，能够保持相对的温暖，这样充满水的海洋就能在地球表面存在，而且它有大气层。来自太阳的热量不均衡使地球上的水和大气流动，这就形成了地球上的气候。

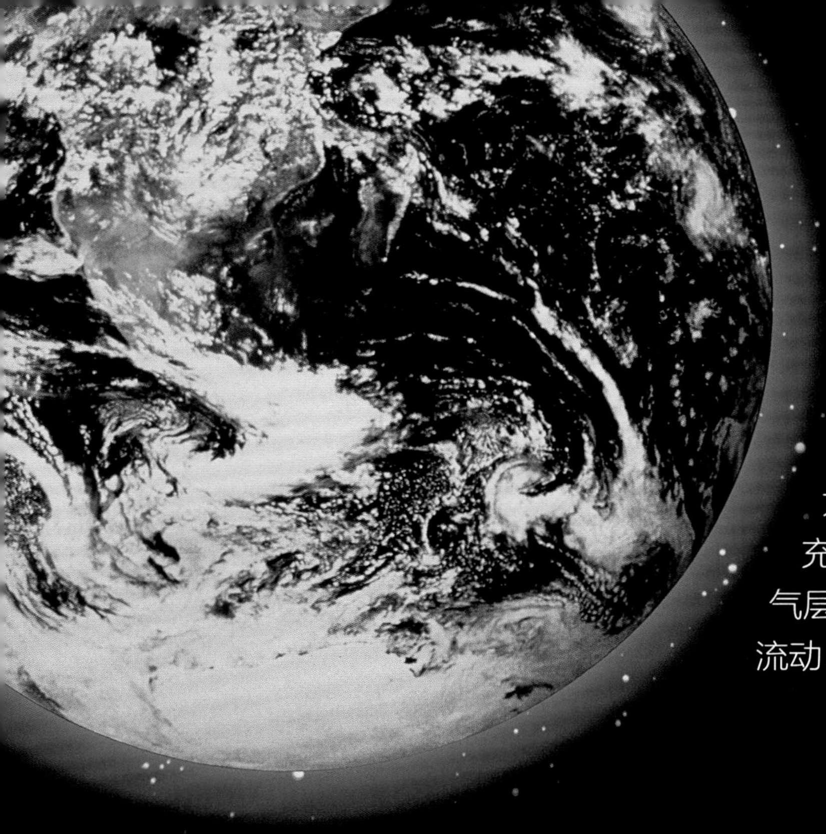

▲地心引力

地球是由含铁、镍丰富的陨石撞击在一起形成的岩石球体。陨石撞击产生的能量熔化了岩石，使绝大部分的铁、镍流入地核，地核的重量给予地球足够的引力吸引住大气层。

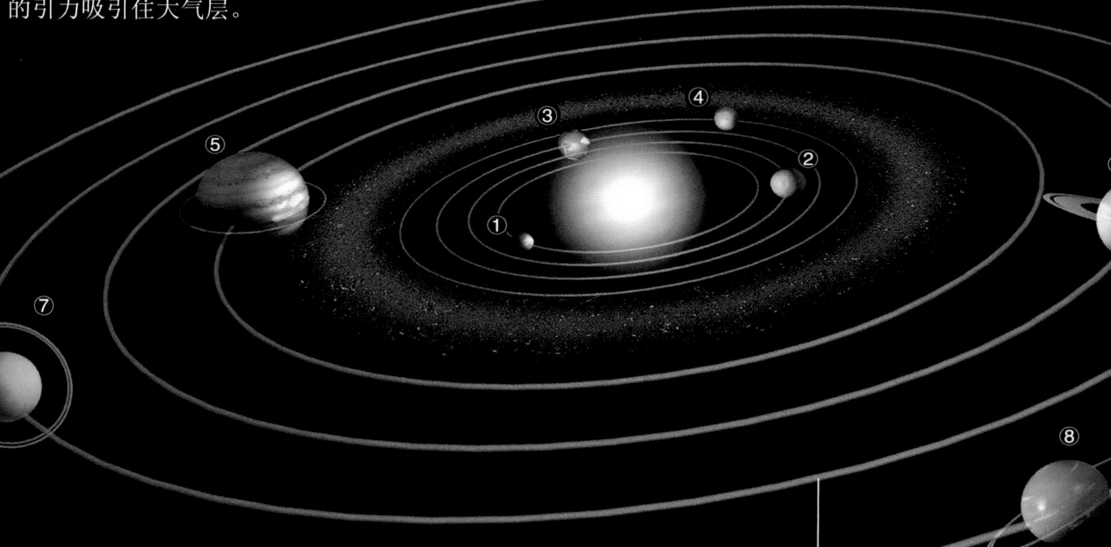

天王星主要由岩石和不同的水冰物质构成

海王星用约 165 年的时间围绕太阳旋转一周

太阳系▲

太阳系主要由太阳及其八颗行星所组成。靠近太阳的四颗行星由岩石质构成，称为带内行星（水星、金星、地球和火星）；远离太阳的四颗行星由岩石和气体构成，称为带外行星（木星、土星、天王星和海王星）。带内行星与带外行星被小行星带隔开，小行星带是由类似的岩石碎片（小行星）构成。太阳系中的行星曾经在一条很宽阔的带内像飞碟一样围绕太阳运行。这也就是为什么所有的大行星的轨道，都在同一平面内的原因。离太阳越远，绕太阳一周的时间越长。地球绕太阳运行一周用时 1 年。

行星

行星	与太阳的距离
1. 水星	5.80×10^7 千米
2. 金星	1.08×10^8 千米
3. 地球	1.50×10^8 千米
4. 火星	2.28×10^8 千米
5. 木星	7.78×10^8 千米
6. 土星	1.429×10^9 千米
7. 天王星	2.87×10^9 千米
8. 海王星	4.504×10^9 千米

▲水

地球是太阳系唯一能使水以三态的形式存在的行星——固态（冰）、液态（水）和气态（蒸汽）。每水能促进云和雨的形成。当水从一种形态改变到另一种时，它以潜热的方式吸收或是释放能量，这些能量有助于推动地球天气系统的演变。

太阳系的其他行星

水星

水星离太阳最近，是带内行星中最小的一颗，它没有隔热的大气层，因此没有天气变化，其表面暴露在太阳的直接照射下，白天温度高达400℃，在晚上可下降到-175℃，这是由于热量很容易流失到宇宙空间。

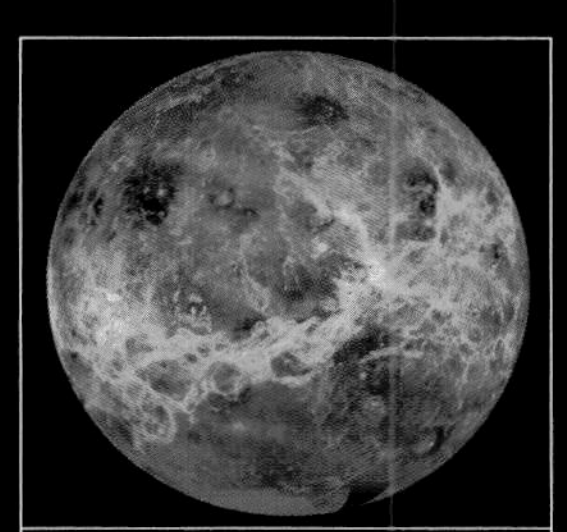

金星

金星与地球的大小差不多。它周围有一层厚厚的大气层，二氧化碳占96.4%，这样的大气层像一块大的地毯围绕着这个星球，阻碍了热量向太空流失。因而金星表面温度高达500℃——热得足够达到熔炼铅的程度。

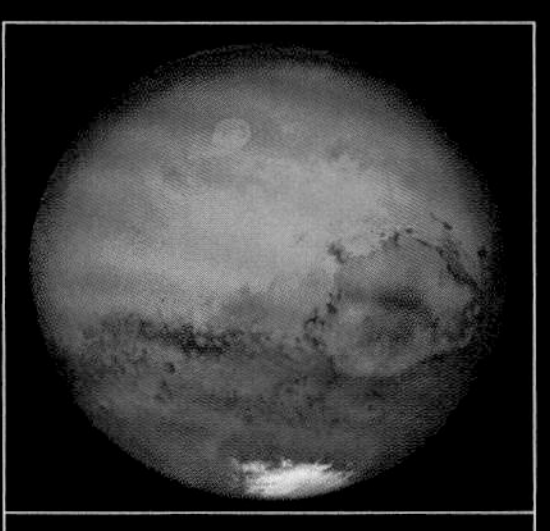

火星

火星比其他任何行星都更加与地球相似。但因为它小得多，所以只具有较小的引力和较薄的大气层。火星距太阳较远。白天最热的地区气温仅仅有10℃，夜间温度通常会下降到-140℃。

木星

木星是太阳系最大的行星。它的直径是太阳直径的十分之一。木星的绝大部分构成成分是巨大的旋转气团。大约90%是氢气，是所有气体中最轻的一种。木星气团层顶端的气温大约为-145℃。

地球上的生命

地球上存在水，为生命的存在提供了条件，并衍生成种类繁多的形式，从简单的微生物到巨大的树木和美丽的动物。地球上生命的演变，部分是由于天气格局的变化和气候变化所致。但生物的存在也影响着大气层和局地天气。例如，大气层中所有的氧气最初都是生物释放出来的。

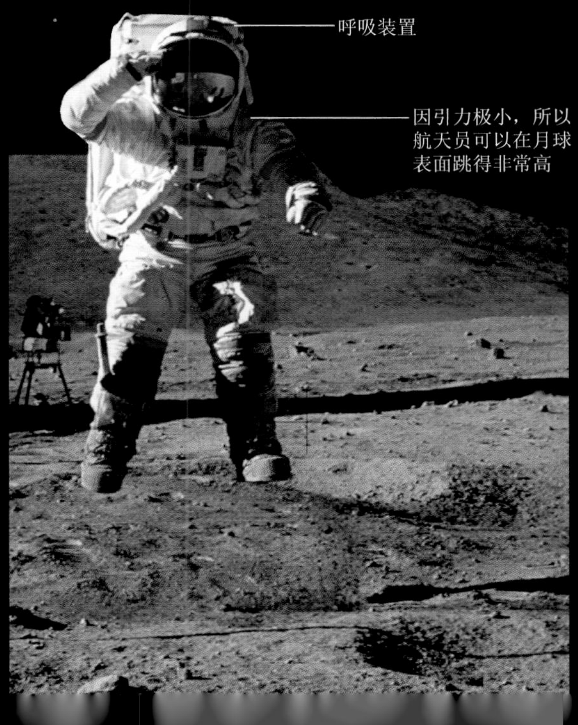
呼吸装置
因引力极小，所以航天员可以在月球表面跳得非常高

◀月球

地球也有自己的卫星——月球。在太阳系的早期历史上，由于星球的碰撞，从地球上分离出去的一团尘粒形成了月球。月球上绝大多数尘粒都是来自地球的岩石外层，而不是来自地球的铁心，所以月球铁的含量比地球少得多。这就使月球轻一些，几乎没有地心引力，故无大气层，也就不存在天气了。

大气层

地球周围被一层空气所覆盖，这就形成了大气层。白天，大气层保护地球免受太阳全部光线的暴晒，并吸收对地球有害的紫外辐射；夜间它又防止热量扩散到宇宙空间。热量不均使大气层的低层气流在地球表面到处流动，有助于减少极端的热或极端的冷。这层气流也形成了地球的天气。

大气层中绝大部分的空气集中在最低层，即对流层。因而随着高度的增加空气的密度递减。如果你在空气中上升 10 千米（这对陆地上的旅行距离来说不算太远），就会进入到空气稀薄到不能正常呼吸的边缘。这也就是为什么登山运动员攀登喜马拉雅山的珠穆朗玛峰时往往须佩戴呼吸装置。

▼对流层

大气层是相对薄的一层空气，越往高处，空气越稀薄，航天器上所拍摄的照片显示出大气层的蓝色光辉消失在无空气的太空的黑暗中。云和天气只出现在最低的大气层，称为对流层。

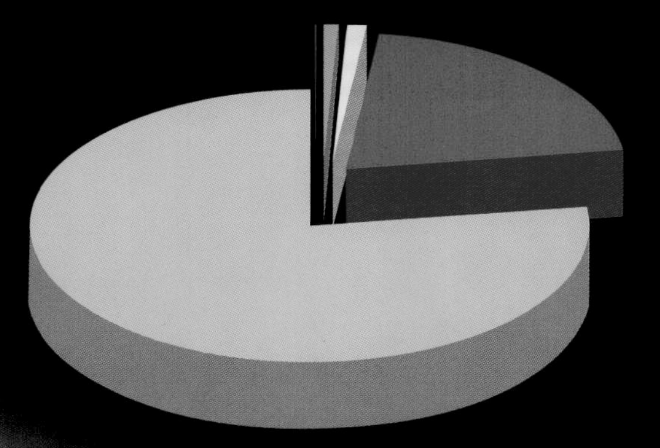

空气成分组成

成分	百分比
氮气	78%
氧气	20%
氩气	1%
二氧化碳	0.04%
其他气体	接近 1%

▲空气的构成

我们所呼吸的空气是混合气体。主要的两大组成成分是氮气和氧气。此外，对生命至关重要的二氧化碳是混合气体中比例非常小的一种气体。空气的其余组成成分还有氩气、氖气、氦气、臭氧、氢气、氪气及其他气体。

人造卫星在散逸层

散逸层

热层逐渐变薄直到最后再没有空气分子
约 500 千米

在热层，随着高度增加，空气温度下降

热层

中间顶层是中间层和热层的界限
约 85 千米

中间层

在中间层，随着高度增加，空气温度下降

平流顶层是平流层和中间层的界限
约 55 千米

平流层

在平流层，由于紫外辐射被臭氧吸收，因而随着高度增加，温度升高

对流顶层是对流层和平流层之间的界限
低纬度地区：7～18 千米；
中纬度地区：0～12 千米；
高纬度地区：～9 千米

飞机可在对流层顶及平流层上

对流层

在对流层，随着高度增加，空气温度下降

海平面

▲大气层

大气层由几个很厚的层组成。最低的是对流层，它包含着大气层中绝大多数的空气，是各种天气发生的地方。对流层上方是平流层，该层含有臭氧层；然后是中间层；中间层上方是热层，热层上方是散逸层，最后消失在太空的真空中。

▲大气层的分界线

大气层中每两层之间的分界线是逆温层——在这一点上，温度不是随着高度升高而下降，而是升高（反之亦然）。温度的逆转，阻止了空气在层与层之间自由流动。

▲燃烧的流星

大气层上部，气体的密度很小，但也会对降落的陨石造成阻碍，随着向地面下降，摩擦生热，小的陨石以流星的形式坠落下来。

▲给天气“盖盖子”

湿润的暖空气向着平流层上升，形成很厚的积雨云。但在对流顶层的逆温阻碍空气的继续上升，于是空气向侧面扩散开来，因此，对流顶层起到给地球的空气盖上盖子的作用。

氧气的生产者

大气层中的氧气绝大部分是由 20 亿年前生长在地球上的微生物制造出来的。它们与现在在澳大利亚沙克湾的水域中找到的蓝细菌非常相像。这种菌可利用阳光的能量，从二氧化碳和水中制造出糖来，这一过程会释放出氧气。

在太阳内部，氢气不断地变成氦气，这一过程释放能量。这些能量辐射到宇宙空间，只有一小部分到达地球，这就足以照亮我们的星球和保持其温暖。来自太阳的热量使大气层持续运动，形成了地球上的天气。

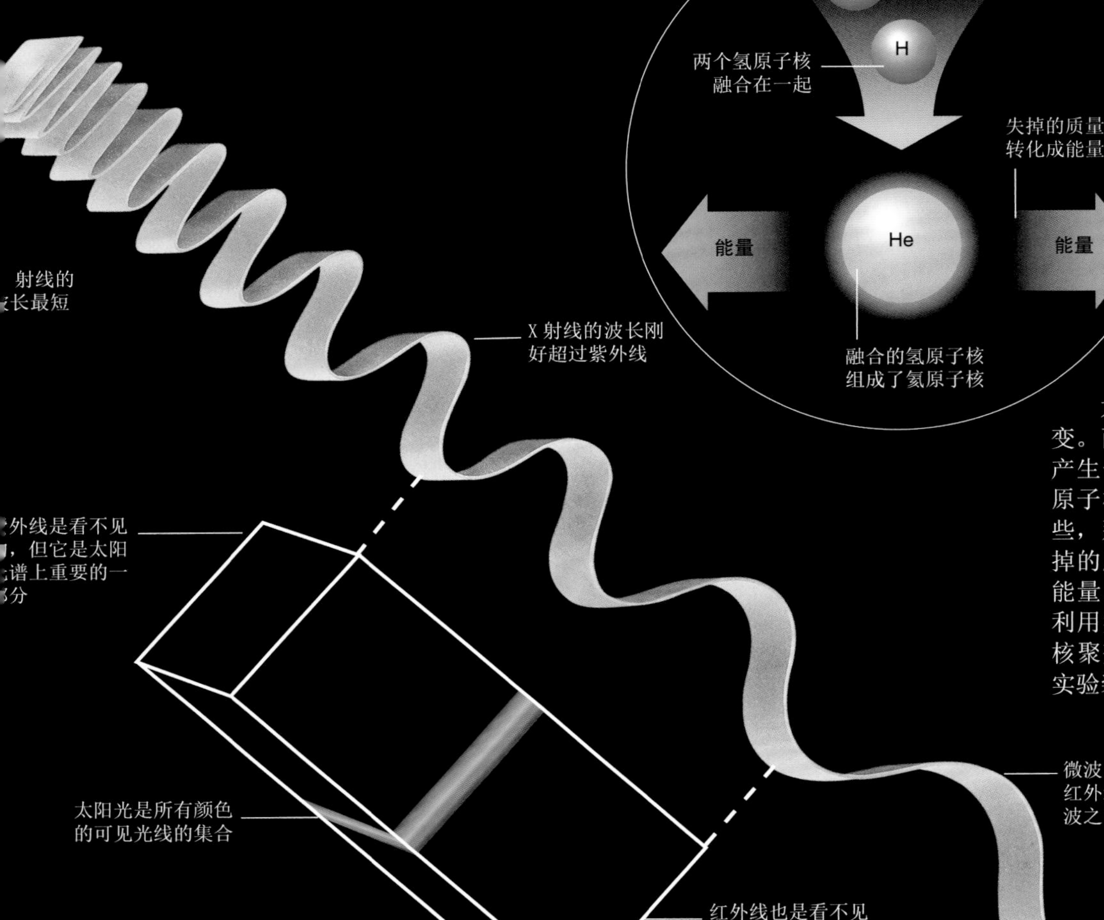

H
H
两个氢原子核
融合在一起
失掉的质量
转化成能量
能量
He
能量
融合的氢原子核
组成了氦原子核
射线的
长最短
X 射线的波长刚
好超过紫外线
外线是看不见
，但它是太阳
谱上重要的一
分
太阳光是所有颜色
的可见光线的集合
红外线也是看不见
的，但像热量一样
可以感觉到
微波的波长界于
红外线和无线电
波之间
无线电波在电磁
波谱上波长最长

▲核聚变

太阳把氢变为氦的过程叫核聚变。两个氢原子核在高温和高压下产生一个氦原子核。但是每一个氦原子核比两个氢原子核的重量轻一些，那么一些质量就流失，这些失掉的质量以电磁辐射的形式转化成能量。地球上，科学家们正在努力利用实验室进行核聚变反应，要把核聚变当作能源。图中就是这样的实验装置。

▲电磁波

来自太阳的辐射包括了所有波长的电磁波谱，从波长非常短的 γ 射线到很长的无线电波。但 99.9% 的太阳辐射是在从紫外线到红外线的范围之内，可见光位于其间，只占整个电磁波谱上很少一部分。可见光组成光谱上所有的颜色，这些颜色合并形成白色阳光。

◀看不见的光线

虽然我们看不见紫外线和红外线，但能感受到它们的存在。紫外线能引起晒伤，对生命有危害。因为大气层中的平流层吸收了大部分来自太阳的紫外线，地球上的生命才得以存在。高空的平流层加热，形成逆温层，为地球的空气盖上盖子。我们能感觉到红外线散发的热，当红外线从地表辐射出来时，它能推动气流形成天气。

白炽热

具有温度的物体辐射能量，而且它们的温度越高，辐射出的射线的波长就越短。加热钢会辐射长波红外射线。如果它开始闪红光，那么它的波长变短，那时它就比较热了。如果它突然辐射出光谱上的每一种颜色，那么它就白炽化了，就达到熔化的程度了。因为太阳是以更短的波长辐射能量，说明太阳更热。

北极光▶

太阳有时以含有粒子流的太阳风的形式释放一些能量，这些粒子流被地球磁场吸引，到达极地，把能量传递给大气层上层的空气分子，就会形成各种颜色的光帘，称作极光。本图为位于北极的加拿大夜空中闪耀出的北极光。

白色光分离成各种颜色的光谱

光进入三棱镜时受到折射

一束白光照进玻璃三棱镜

◀光的颜色

照亮地球的太阳的白色光实际上是光谱上各种颜色的混合，从短波的紫色到长波的红色。如果白光通过可折射光的玻璃三棱镜，不同波长就会产生不同程度的折射，各种光就会分离开来。当阳光和空气或水相互作用时，会产生蓝色的天空，红色的日落以及五颜六色的彩虹。

在活动期由巨大的热气流形成的火焰从太阳表面喷出

这种火焰团比地球的尺寸大 100 倍

由磁力形成的巨大的环形热气体

X 射线图像中所示太阳火焰呈橘黄色

能量波动▶

太阳辐射的能量总是在变化。自从地球形成以来，太阳辐射的能量增加了 25%，在太阳活动的 11 年周期内，能量有 0.2% 的变化。每 85 年能量有 0.3% 的变化。本图是太阳处在活跃期时的 X 射线影像，影像中显示的是从炽热的太阳表面喷出的火焰。

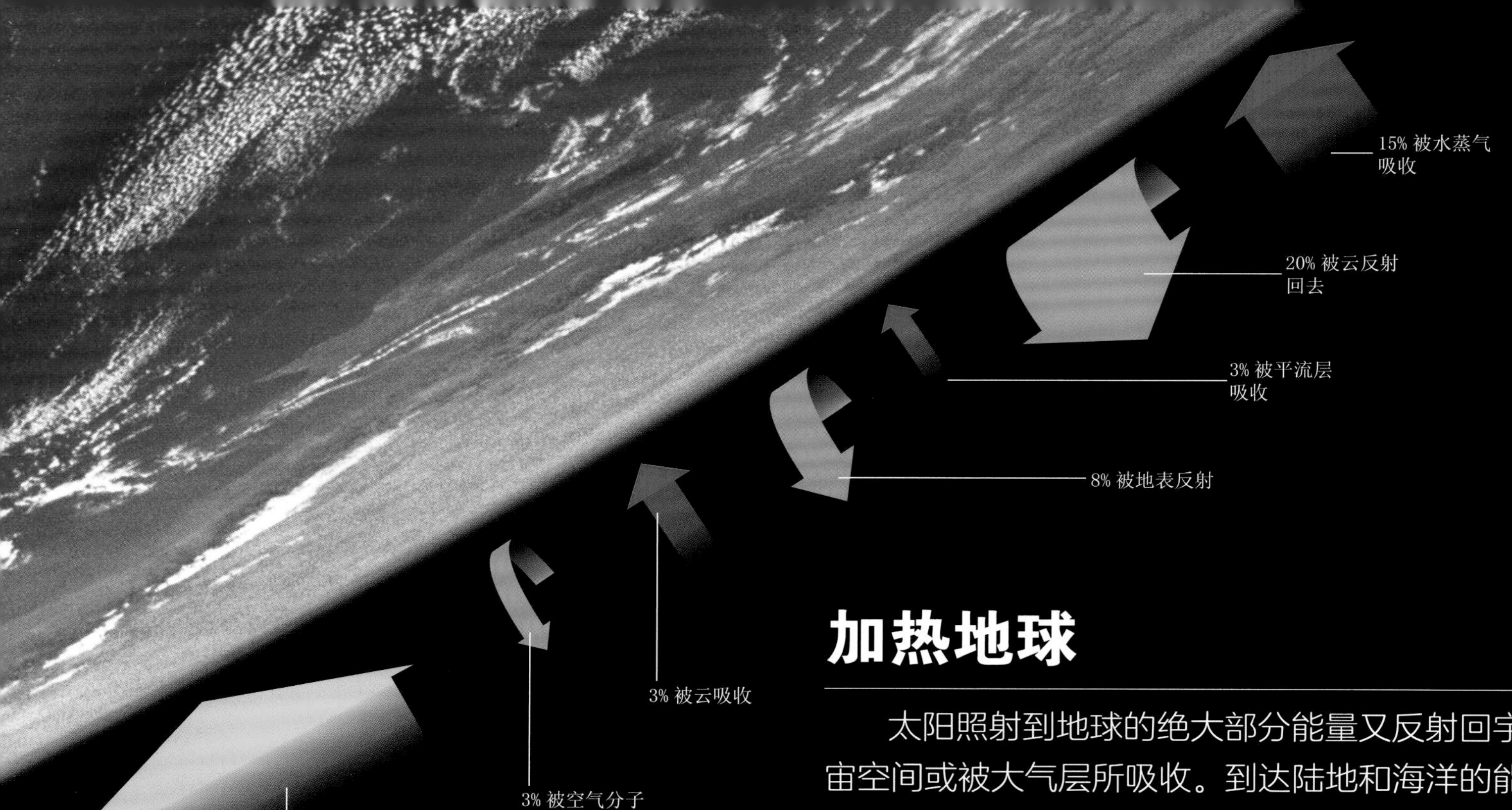

加热地球

太阳照射到地球的绝大部分能量又反射回宇宙空间或被大气层所吸收。到达陆地和海洋的能量还不到一半。从地表反射回到天空的能量被云和大气层的最低层——对流层的“温室气体”所吸收，这样会阻止热量流入宇宙空间。这就说明对流层是从底部加热的，所产生的热气流最终形成天气系统。

▲流失的能量

在太阳辐射照射地球的大气层时，近三分之一的能量立即返回了太空。绝大部分能量是被云反射回去的，也有被空气分子反弹回去的。还有一些是被地球表面反射回去的，尤其在有冰的区域。更多的能量是被平流层的气体所吸收，或是被对流层的云或水蒸气所吸收。只有 48% 的进入大气层的太阳能量可以到达地面，加热地球的陆地和海洋。

要点

- 反射回太空的能量没有发生热效应
- 大气层吸收的能量发生了热效应
- 地球表面吸收的热量发生了热效应

平流层中的臭氧

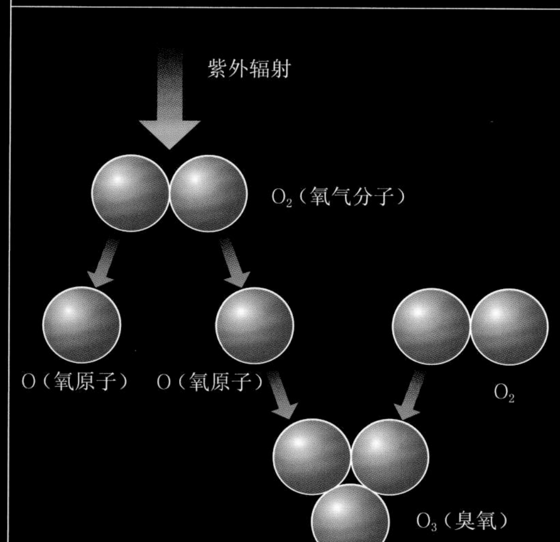

大约 3% 的进入大气层的太阳总辐射的能量，被平流层的气体接收下来。这些辐射大部分是紫外线，被氧分子所吸收。每个氧分子由两个氧原子组成，于是它的化学分子式是 O_2。紫外辐射把能量传给分子，能量的注入使它们中的一些分离成单个氧原子。这些可能附着在别的氧分子上，形成三个原子的氧分子，就称为臭氧（O_3）。但臭氧也吸收紫外辐射（不同的波长），并以同样的方式分裂开来，形成更多的氧气。在正常状态下，臭氧的生成和破坏的速度是相同的，整个过程中臭氧都在吸收紫外辐射，其密度是保持稳定的。

▲温室效应

很多的太阳能量是以相对短波的辐射形式直接穿过大气层，照热地球。加热的地球也辐射能量，不过是以波长较长的红外辐射。这种辐射被大气层中的“温室气体”诸如二氧化碳和水蒸气所吸收。

太阳能熔炉▶

太阳光线可被聚焦在一起而产生很高的温度。可以用放大镜把阳光聚焦在小范围内；也可以用若干镜子聚焦在大范围内。像加利福尼亚的一架太阳能熔炉，是利用大量的镜子把太阳能聚焦在一点上，可获得高达2000℃的高温。

塔上放着要加热的物体

镜子把阳光聚焦到要加热的物体上

反照率效应

某些物体的表面比另一些物体反射的太阳能量多，这种反射能力就叫作反照率。反照率越高，被吸收的热能就越少。冰和雪有时具有80%以上的反照率，它们就像镜子一样，极地勘探人员不得不戴上反光护目镜。冰可吸收的热量非常少，必须用大量的太阳能量才能融化它。如果把冰融化，就会露出光秃秃的岩石，这些岩石反照率不到20%，会吸收更多的能量，很容易使温度上升，阻止更多冰的形成。

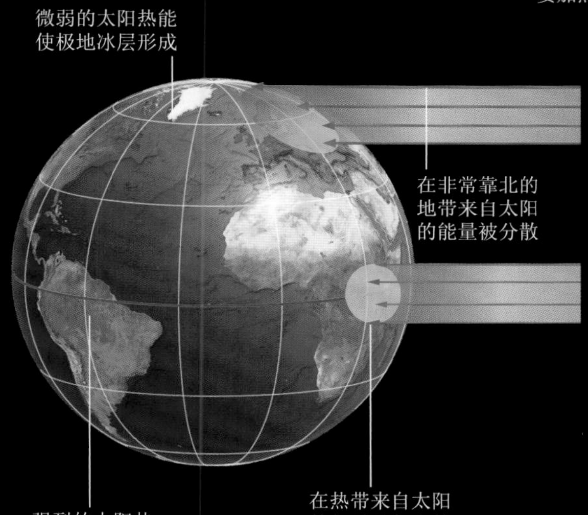
微弱的太阳热能使极地冰层形成
在非常靠北的地带来自太阳的能量被分散
强烈的太阳热能导致热带雨林的形成
在热带来自太阳的能量是集中的

◀分散的能量

在热带，太阳光线直射地表，太阳能量非常集中。在极地附近，太阳光线倾斜照射地表，这就使太阳能量分散。在赤道附近的某一地区所吸收的能量大约是奥斯陆（挪威的首都）纬度上的两倍。这就是为什么奥斯陆比内罗毕（肯尼亚的首都）冷得多的原因。气团流动的主要原因就是在不同纬度上太阳加热的程度有差别，这种现象导致了地球天气系统的产生。

▼温室行星

金星距太阳太近，不能形成海洋，不能像地球那样由海洋吸收大量来自大气层的二氧化碳，因此所有火山产生的二氧化碳都留在金星的大气层中。这就使金星形成了强烈的温室效应，把表面平均温度从大约87℃提高到465～485℃。

火山把气体喷射入金星的大气层中

温室气体使金星表面燃烧

季节

地球沿轨道绕太阳旋转的同时，也在与地面垂直倾斜大约 23.5° 的轴上自转。轴总是以同一角度倾斜。因此在 6 月时，北极转向太阳；在 12 月时北极却远离太阳。这就意味着 6 月时，北半球比南半球要炎热，所以这时在北半球是夏季，南半球为冬季。6 个月后情况发生转变，南半球变成夏季，北半球又变成了冬季。

3 月 21 日

南北半球同等天长

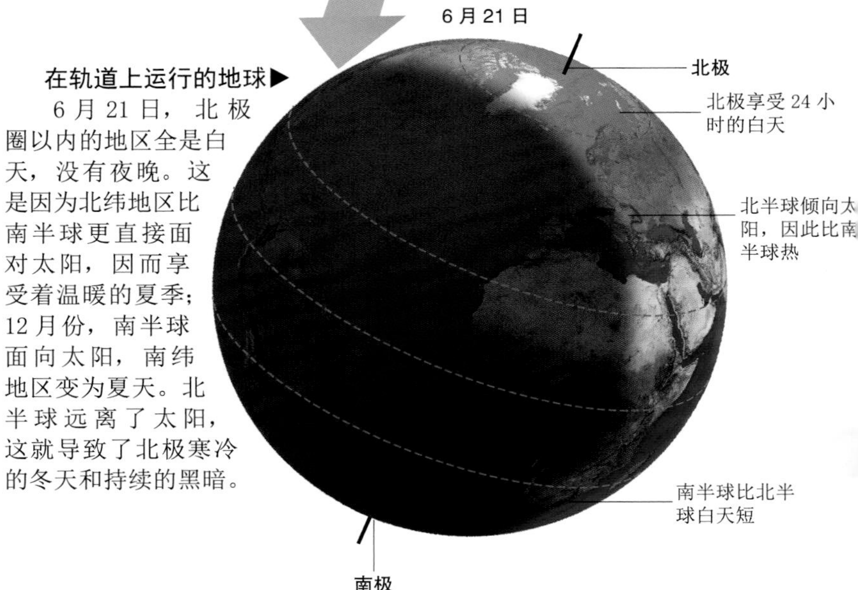
6 月 21 日
北极
北极享受 24 小时的白天
北半球倾向太阳，因此比南半球热
南半球比北半球白天短
南极

在轨道上运行的地球▶

6 月 21 日，北极圈以内的地区全是白天，没有夜晚。这是因为北纬地区比南半球更直接面对太阳，因而享受着温暖的夏季；12 月份，南半球面向太阳，南纬地区变为夏天。北半球远离了太阳，这就导致了北极寒冷的冬天和持续的黑暗。

极地季节

南极的冬季

冬季南极地区几乎见不到阳光，温度降到 0℃之下。在南极周围地区孵蛋的皇企鹅被迫聚在一处保暖，它们用腹部温暖着蛋以免冻成冰块。

北极的夏季

夏季，北极地区经历着连续不断的白天。在北极草原上，生命萌发出来：植物开花，昆虫孵化。像绒鸭这样的候鸟，成千上万地到这里产卵孵化，并利用短暂时期内丰富的食物来喂养其雏鸟。

▲冬季

在北半球和南半球的中高纬度地区，冬季都是寒冷的，白天较短，黑夜较长。一些树木用落叶和休眠的办法度过冬天。很多动物或是冬眠或是迁徙到温暖的地区过冬。

▲春季

随着春天的到来，温度上升，白天变长。在落叶树木下面的低矮的植物受到阳光照射开了花。动物从它们的洞穴里出来，或从越冬地返回，开始产卵孵化。

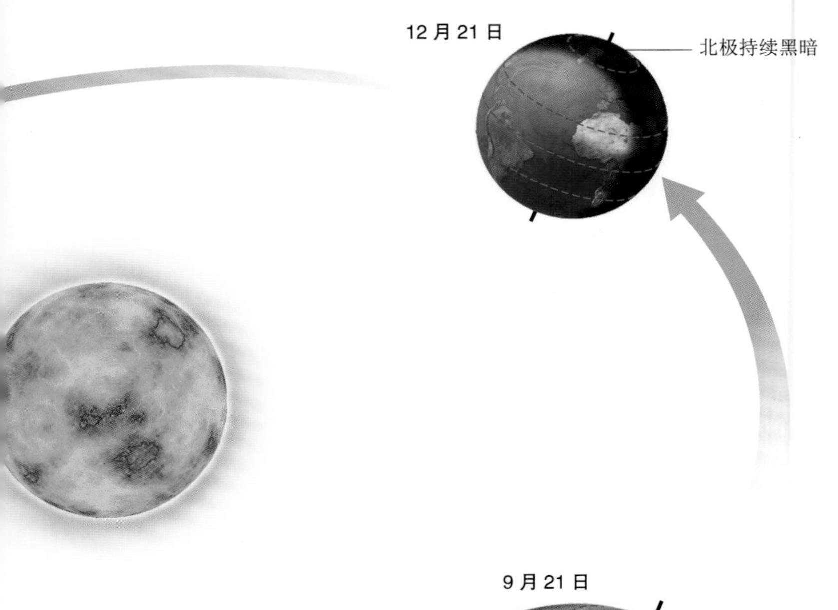
12 月 21 日
北极持续黑暗

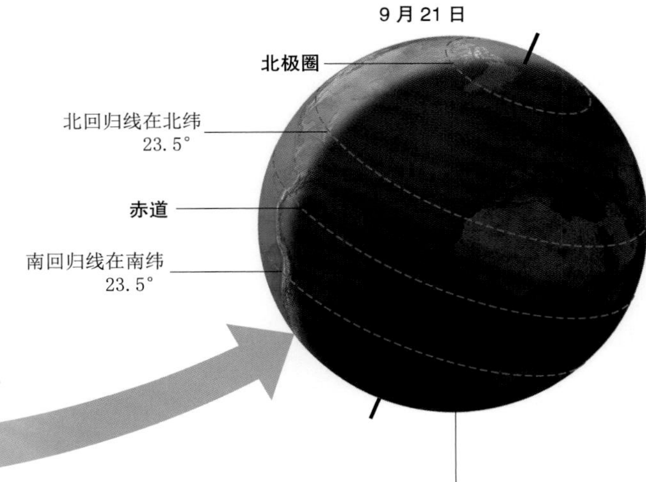
9 月 21 日
北极圈
北回归线在北纬 23.5°
赤道
南回归线在南纬 23.5°
地轴既不偏向也不偏离太阳，因此，南北受热相同

▲**热带的积雪**

爬山爬得越高，你感受的气温越低。山上总会比周围凹地温度低。即使在热带，像非洲的乞力马扎罗山峰上，也覆盖着积雪。通向山顶的路线会经过一系列如同从赤道到极地的不同纬度上的各种气候带。

热带季节

雨季

在热带，太阳光的最大密度一年之内会北移和南移，把热带暴雨系统拉向北或拉向南，这就出现雨季和旱季。图中，在雨季，东非的热带稀树草原在经受从布满天空的雷雨云上倾倒而下的大暴雨的袭击。

旱季

7 月里，雷暴带退到东非大草原的北部。南部地区雨停了，旱季一直延续到 11 月份，到那时，土壤也旱成一片灰尘。野草枯萎或被火烧掉。然而像金合欢这样坚韧不拔的树木幸存了下来，因为它们的长根可以从很深的地下汲取水分。

▲**夏季**

夏季天气炎热，白天很长。在海岸沿线地区，雨水充足，植物生长旺盛，长出了茂密的枝叶。但在内陆地区，干旱限制了树木的自由成长，从而衍生了广阔无边的大草原。

▲**秋季**

随着秋季的到来，白天变短，气温下降，往往雨水增多。在冬季寒冷的地区，秋季树木将要落叶。叶子不再产生绿色的叶绿素，变成了棕色、黄色或红色。

暖空气和冷空气

主宰天气的动力是来自太阳的热量。但是太阳为地球提供的热量是不平衡的，靠近赤道的地方接收的热量比两极地区多得多。这就意味着在大气层底部的空气随着纬度不同被加热的程度也不相同。因为暖空气往往是穿过冷空气在上升，温度的差异就会使空气流动。这就形成了能把热量重新分配给全球的环流系统。

▲**上升的暖空气**

随着空气受热膨胀，它们占据更大的空间，这就说明它们原来的体积里含有较少的分子，其密度较小。因为同体积暖空气的密度比同体积冷空气的密度小得多，它们的重量就轻，因此就能穿过冷空气向上流动。就是这一效应能使热气球上升到空中。但随着空气的膨胀，暖空气开始冷却。当暖空气的温度和周围空气一样高时，热气球就会停止上升。

当气球中的暖空气被加热时，它就可以穿过周围的冷空气上升

热气球中的空气必须被燃烧器不断地加热，才能使热气球保持上升

膨胀的空气

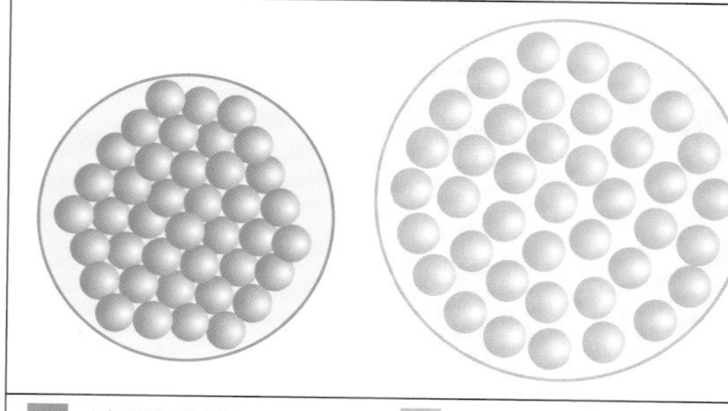

冷空气分子　　暖空气分子

空气的分子是被引力凝聚在一起的。但空气不断运动，这就要克服引力。分子的流量和它们的能量有关。冷空气含极少的能量，因此引力能把冷空气的分子吸引到一起。加热空气可以给空气分子更多的热量，使得它们四处运动相互分离。如果它们受热的话，同样数量的空气分子会占领更多的空间。这就解释了为什么空气受热会膨胀的道理。

▲**上升的热气**

如果空气下面受到不均衡的加热，那么部分气团变热密度减小。这些热而轻的空气向上流动，轻的冷气流从低处流入作补充。如在热带岛屿上，中午的太阳使地面比周围的海洋温度高，这样的热地面使岛屿上空的空气变热，气流上升。周围大海的冷气流从下面流入岛屿作补充，然后又受热上升。

▲**高空冷却**

暖空气随着上升而不断膨胀。因为在高空大气压力很小，不会把上升的暖空气挤在一起。这种膨胀需用能量，这样可使空气冷却下来，最后气流停止膨胀和上升，开始向两侧扩散。当上升气流遇到和它密度相同的周围空气时，这种现象同样也会发生。这就是积雨云到达平流层的底部时向侧面扩散的原因。

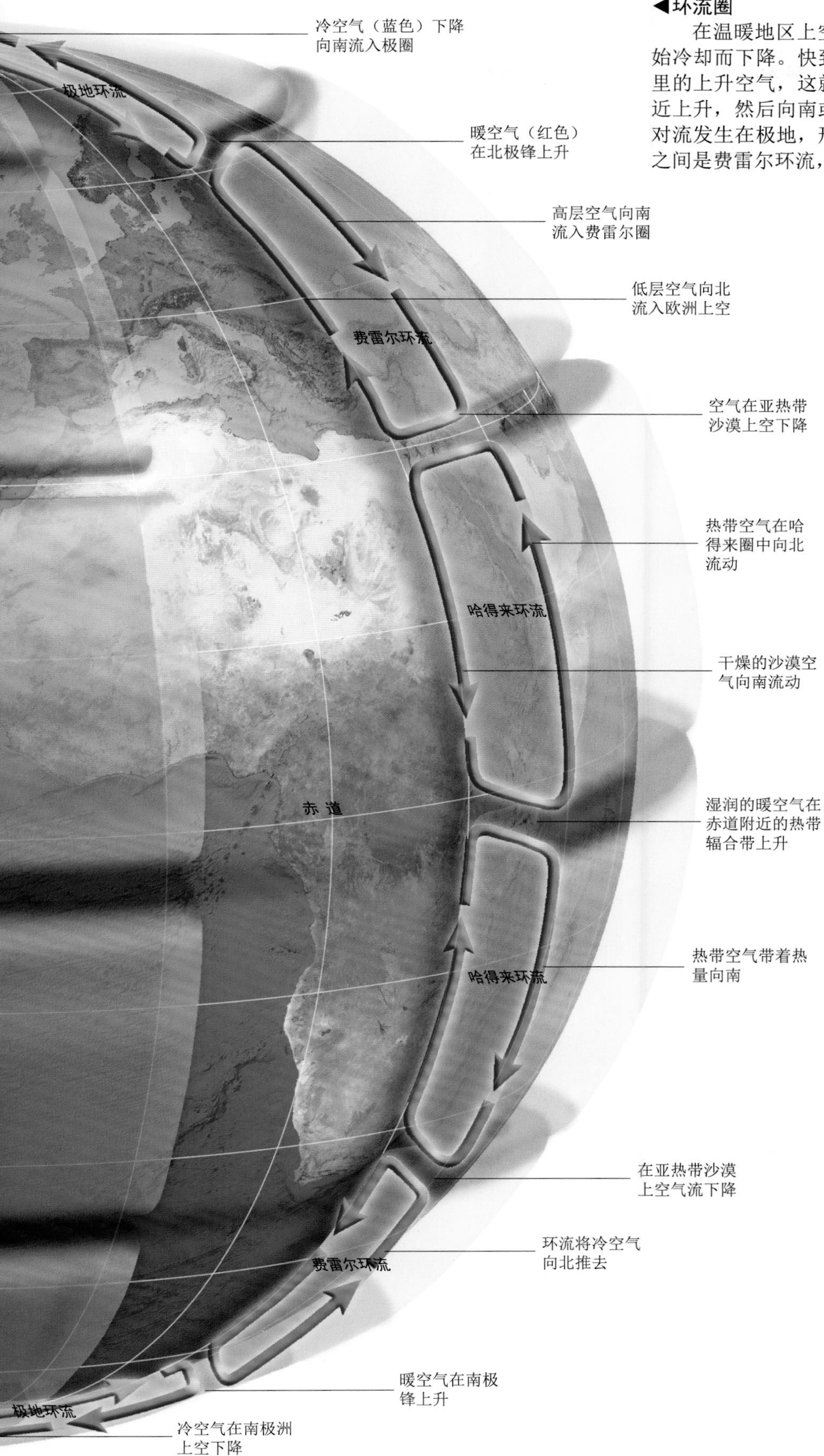
冷空气（蓝色）下降
向南流入极圈
极地环流
暖空气（红色）
在北极锋上升
高层空气向南
流入费雷尔圈
低层空气向北
流入欧洲上空
费雷尔环流
空气在亚热带
沙漠上空下降
热带空气在哈
得来圈中向北
流动
哈得来环流
干燥的沙漠空
气向南流动
赤 道
湿润的暖空气在
赤道附近的热带
辐合带上升
热带空气带着热
量向南
哈得来环流
在亚热带沙漠
上空气流下降
环流将冷空气
向北推去
费雷尔环流
暖空气在南极
锋上升
极地环流
冷空气在南极洲
上空下降

◀**环流圈**

在温暖地区上空的空气被更多的暖空气上升时推开，开始冷却而下降。快到达地面时，可能会又流入暖区来补充那里的上升空气，这就叫作对流环。在热带，暖空气在赤道附近上升，然后向南或向北流动，构成哈得来环流圈。同样的对流发生在极地，形成极地环流。在哈得来环流与极地环流之间是费雷尔环流，在这里是反方向环流。

▲**雨林带**

暖气流上升时，形成低气压带。赤道附近空气上升的地带与哈得来环流聚在一起，形成所谓的热带辐合带（ITCZ）。在这里上升的暖空气中的水分形成云和降雨，导致热带雨林的生成。

▲**沙漠带**

空气下沉时，其重量增加，在大气层形成高压带。下降的气流阻止了云的形成，因而几乎不降雨。这就导致沙漠的形成，像亚热带的撒哈拉和卡拉哈里沙漠就是在副热带高压带形成的；同样下沉气流也导致极地沙漠的形成。上图所示为南极洲干谷。

▲**混合带**

在极地环流和费雷尔环流之间的分界处的上升气流带称作极锋。这里，极地冷空气在来自亚热带的热空气下方流动，把暖空气向上推。在这一过程中，暖冷空气以复杂的方式混合在一起，形成了环流的天气系统。这种系统使欧洲北部区域的气候多变，如上图所示。

科里奥利效应

地球上的大气层在不断地流动着。暖气流从热带向极地流动，冷空气从极地向赤道流动。但这种环流形式受到另一种运动的影响，那就是我们的星球在地轴上自转，使南北流向的气流偏向东西方向移动。这种偏向称为科里奥利效应。在靠近极地的地区尤其强烈，但在赤道上却不存在。

牛顿第一定律

1687年，英国科学家艾萨克·牛顿（1643—1727）发表了他的三个运动定律，第一定律说明运动的物体在不受到外力作用下，总是保持它自己的速度和方向。这就是地球上空的气流总是以同一速度流动的原因。即使在地球各纬度以不同的速度自转的情况下，亦是如此。其结果是使气流从直线方向突然转向跨过地球表面。

科里奥利

物理学家兼数学家古斯塔夫·科里奥利（1792—1843），1816年任巴黎综合理工学院的助理教授。他进行了包括水力学在内若干领域的研究。他通过对水轮的研究，解释了自转着的地球表面上的液体和固体运动的规律。他在论文中阐述了这一运动规律，现在称为科里奥利效应。这篇论文在1835年发表。科里奥利51岁时在巴黎去世。

火箭在北纬60°的地方向南发射

火箭仍然向南运行，但科里奥利效应使它西移

预定的火箭轨道

偏离方向的运动▲

要绘出科里奥利效应图的一个方法是设想火箭在发射。发射基地坐落在北纬60°的地方，由于地球在自转，基地实际上是以每小时835千米的速度向东移动。火箭是向着赤道发射，然而当它向南运行时，仍然维持着向东移的速度（按照牛顿第一定律）。但地球比之前向东移动速度稍快一些，火箭就被落在后面，这样火箭实际上相对于地球表面向西漂移了一段距离。现在设想火箭是从赤道附近的基地发射，相反的事情发生了，火箭是以每小时1670千米的速度向东移动，但它本来是向北发射的，火箭在发射的过程中还保持着东移的速度，它在东移行进的过程中，在它下面的地球表面东移的速度变慢了，这样火箭就会漂移在地球表面的东方。

◀自转的地球

地球在旋转，在地球表面的任何东西都在随地球而转动，但是地球上不同地方移动的速度是不同的，要以它所在的地区而定。在赤道地面每天运动的距离正好是地球的周长，以每小时1670千米的速度向东飞奔。但在靠近两极的地方，地面运动的距离较短，于是其速度也较慢。

北半球平面图

赤道

北极

180°

60°N

90°W

赤道的地面以每小时1670千米的速度运动

北纬60°的地面以每小时835千米的速度运动

南半球平面图

赤道

南极

90°E

0°

180°

60°S

30°S

90°W

流动空气▶

像火箭一样，气流也受到科里奥利效应的影响。在北半球，科里奥利效应使流动的空气朝着原方向的右边偏转，这是和地球表面自转有关的。向北流动的气流向东方偏转，而向南流动的气流向西方偏转；在南半球，情况正好相反。流动空气朝着原方向的左边转向。这就解释了为什么大的气团不是从赤道直接流动到极地而是返回到赤道的原因。由于风向和天气系统均是由地球表面上空流动的气流形成的，因而科里奥利效应对其均有较大影响。

地球以逆时针方向自西向东自转

从北回归线向北流动的气流向右转向，东移

向赤道流动的北方气流向右转向，西移

赤道

向赤道流动的南方气流向左转向，西移

从南回归线向南流动的气流向左转向，东移

地球向东转动

预定的火箭轨道

科里奥利效应使火箭东移

火箭自然向北运行但偏离轨道

火箭在赤道附近发射

◀向下排水

当水向排水管道排水的时候，往往被人们说成是“在赤道以南和以北水流下去的旋转方向不同”，实际上科里奥利效应在像水池或脸盆这样小的地方是几乎显示不出来的。排水向左或向右旋转都可能，要看它原来的水流方向。

科里奥利效应和天气

旋转的风暴

热带风暴，如飓风，需要科里奥利效应帮其开始旋转。这些风暴是由热带海洋提供能量的。但它们永远不会在赤道附近形成，那是因为在赤道附近没有科里奥利效应来使它们旋转开来。

海洋性气候

在北半球中纬度地区，科里奥利效应使风向东吹。这就使北大西洋湿润的暖风向欧洲西北部上空吹来。因此那里的气候比大洋彼岸的加拿大东部湿润温暖得多。

海风

远在加勒比海的东海岸的岛屿是著名的迎风岛，因为它位于从北大西洋吹来的信风的途中。这些稳定的风受到科里奥利效应的影响，把热带气流吹向偏西方。

盛行风

世界上很多地区，风一般总是从一个方向刮来的。例如西欧，风一般来自西南方向，这种风称作盛行风。盛行风多数是在远离陆地的开阔的大海上比较明显。大块陆地总是对盛行风起到扰乱作用，那是因为大陆受热、受冷都比海洋快得多。这就产生了局地的季节性风，它会改变盛行风的风向。

地球以逆时针方向自转

向西转向形成东北信风

副热带

赤道

热空气在热带辐合带上升

热带辐合带

冷空气在亚热带下降

副热带

向西转向形成东南信风

高空风向东转向

低空风向西转向

螺旋形气流▶

盛行风是地球自转效应——科里奥利效应对环流气流的作用所形成。例如在回归线上，空气上升形成环流，偏离赤道，然后下降在低空向赤道流去，但科里奥利效应使这些环流气体突然改变方向，高层气流向东偏转，低层气流向西偏转，形成螺旋状的环流。这就引起低层风在北半球热带从东北吹来，在南半球热带从东南吹来。在中纬度和极地地区同样会形成这种环流的流动方式。

▲信风

热带的盛行风又称信风，此风对航船十分重要。轮船利用东北信风向西横跨大西洋到达加勒比海——这是一条自克里斯托弗·哥伦布发现以来一直被海员们遵循的航线。同样的东南信风跨过太平洋。

▲静止无风带

在赤道附近的热带辐合带上，几乎无风。信风在这里辐合导致气流主要是上升。在海上这种无风带被称作无风区。无风带也出现在副热带地区空气下降的时候，无风带也包括在北大西洋的马尾藻海，在那里使古老的依赖风和洋流助力才能航行的船只在这片海域踟蹰不前。

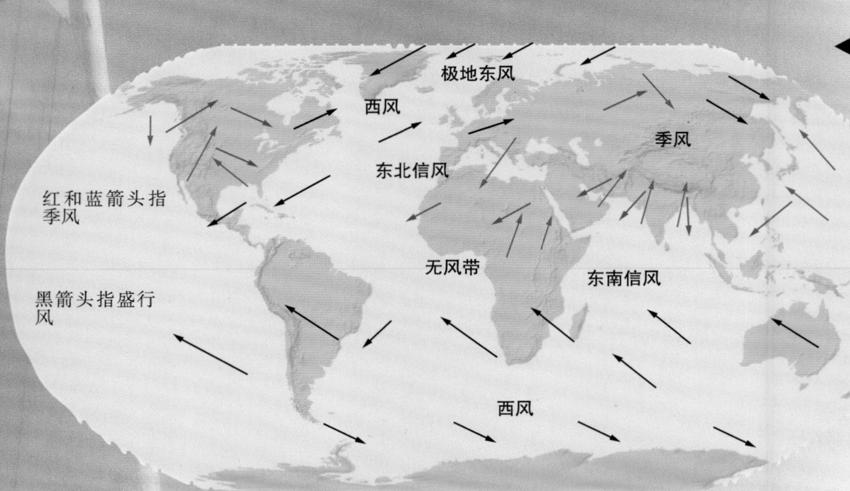

◀全球风

盛行风从副热带出发一直吹向赤道；其主要形式是信风，中纬度是西风带，极地是东风带。盛行风这种模式在南半球很典型，因为那里有广阔的海洋，天空很晴朗；但在北半球的陆地如亚洲、北美洲、北非都会生成季风，如南亚季风就会干扰全球风的正常模式。

大风中漂游的盐分使能见度降低

轮船通过山峰一样的巨大波浪行驶

西风带▶

在中纬度地区，大洋上的盛行风称作西风，那是因为它们是从偏西方向吹来的。在北大西洋，这些西风把含盐分的海洋气流吹到爱尔兰上空产生了像这棵被风刮倒的树一样的效果，并使爱尔兰的气候保持温和湿润，但树木有时被不停的西风吹弯。同样，盛行风主宰了位于南半球中纬度地带的新西兰的气候。

极地东风带▶

在两极地带，盛行风是从东方吹来的，故称极地东风。这些风吹动着漂浮在水面的冰块向西沿着南极洲的海岸线流动；也吹动冰块按顺时针方向沿着北冰洋流动。并不是所有的极地东风整年都是对人们有益的。而且因为两极地区的表面绝大部分都是结冰区，所以这些风对海员航船并没有帮助。

◀怒吼的南纬 40°

由赤道出发远行，离赤道越远，盛行风风速越大。这种情况在南极洲周围的南半球海洋上尤其明显。在南纬 40° 时，盛行风十分强大，被称作“怒吼的 40°”，然而越向南行进，风速越大。到南纬 50°，称作“大发雷霆的 50°”，之后是“声嘶力竭的 60°”。这也说明了为什么南纬 56° 的南美洲最南端的好望角被冠以“死角”的名声。那里的大海风暴如此汹涌以致毁坏船只的现象屡见不鲜。

海洋和大陆

地球上气候形成的主要原因是气流从热带流向两极再返回。这种流动气流的方向受科里奥利效应的影响发生偏转。但这种方向的偏转由于大陆的存在又被一定程度地修正。大陆变热和变冷的速度比海洋快得多，这就导致陆地和海洋有温差，使空气的流动方向改变。变化缓慢的海洋气温也使海岸线的气候不像大陆上那么极端。

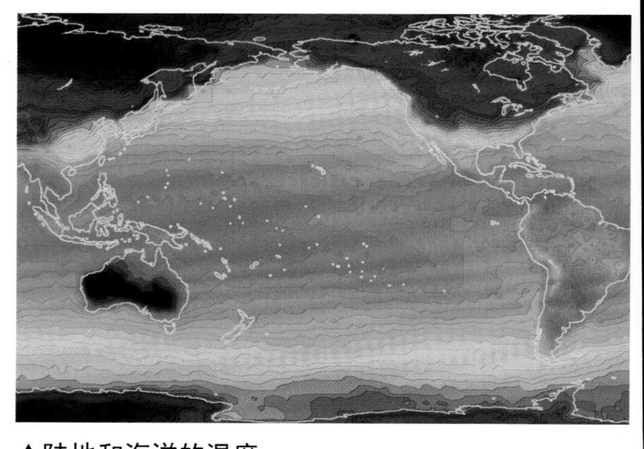

▲陆地和海洋的温度

海洋比陆地受热和冷却的速度慢。科学家称之为热惯性。因为这一特性，海洋的温度差异比在同一纬度上的陆地要小得多。卫星云图显示出 1 月份北美和北亚气温非常低（用深蓝色表示）；澳大利亚非常炎热（深红色）。但海洋温度的差异却不太明显。

▲海岛天堂

海岛和沿海地区总要比内陆的气候温和得多，因为海洋能防止它们变得太冷或太热。北非附近的特内里费岛具有温暖、宜人的气候，尽管它和世界上最热的地区之一的撒哈拉沙漠在同一纬度。

凉爽的水▶

海洋的热惯性确保了海洋永远也不会变得非常热或非常冷。这就是你为什么在海滩上坐了一会儿之后下到海里感觉到凉爽的原因。即使在冬季，极地附近的海洋也比冰封的陆地温暖一些。当海水达到快要结冰的温度的时候，在格陵兰岛和南极洲厚厚的冰盖下大陆的气温要比海水低得多。

▼冰流

像气流一样，海水流也能把热量带到世界各地。热带洋流从热带把热量带到两极地带，冷洋流又从极地返回，给热带带回凉爽。寒冷的洋流甚至可以把冰山推到温暖的水中。下图所示为从格陵兰岛向南漂浮的一块冰山。正是类似的一块冰山，于 1912 年撞沉了“泰坦尼克”号。

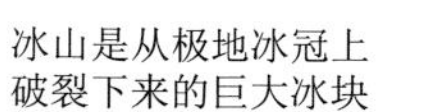

冰山是从极地冰冠上
破裂下来的巨大冰块

◀**高气压和低气压**

冬季，大陆上空的气温比海洋上空低。这些冷却的空气下降，形成高气压，阻碍了云的形成和降雨，如亚洲中部的戈壁沙漠冬季就是在这种高气压的控制下。但夏季情况恰恰相反，暖空气在大陆上空上升形成低气压。这些季节变化影响了空气环流。

海洋输送带

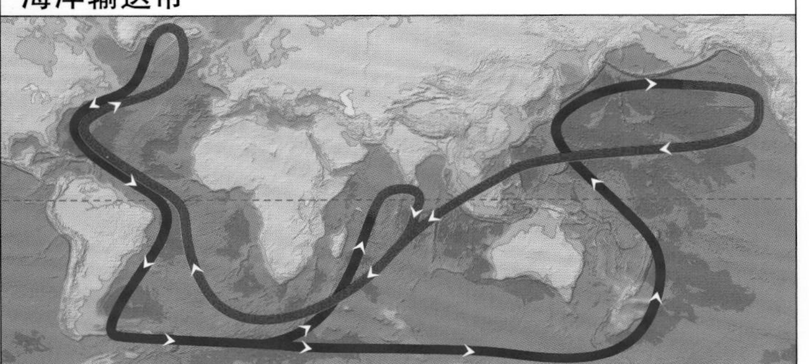

海流连接在一起，形成了一个把水运送到全球各地的系统，也可把热量带到世界各地，很像一条水流组成的巨大的传送带，穿过各个大洋形成环形线路。于是有时人们把它称作海洋输送带，科学家把它称作热盐环流，因为它是由水中的温度和盐推动的。低温和高盐分，使海水浓度大而重，就会下沉。在北大西洋的格林兰附近冰冷的含盐的海水下沉，形成主要推动传送带的“引擎”之一。随着这些水向南流动，来自北大西洋漂流的热水向北流入作补充。这种漂流是湾流的延长部分。

▼**湾流**

湾流把热水从墨西哥湾运送到北大西洋。这些暖流使得北欧的气候比较温暖。湾流对英格兰和爱尔兰的影响比较明显，虽然它们是与大西洋另一端的加拿大在同一纬度，却在冬季温暖得多。如果湾流停止流动，那么北欧在冬季就会冰天雪地。

大陆气候

冰封的冬季

沿海地区的冬季温和、夏季凉爽。但在大陆内地，气温非常极端。在西伯利亚的上扬斯克，冬季气温可下降到-68℃，是北半球最冷的城市，它比北极还要冷，因为北极位于大海中漂浮的冰层相对薄的冰块上，大海阻碍气温下降冰点以下。

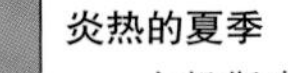

炎热的夏季

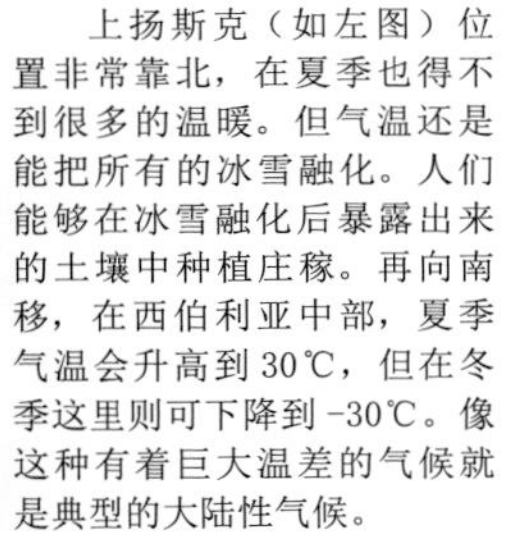

上扬斯克（如左图）位置非常靠北，在夏季也得不到很多的温暖。但气温还是能把所有的冰雪融化。人们能够在冰雪融化后暴露出来的土壤中种植庄稼。再向南移，在西伯利亚中部，夏季气温会升高到30℃，但在冬季这里则可下降到-30℃。像这种有着巨大温差的气候就是典型的大陆性气候。

热带棕榈树生长在受湾流影响的英国西南方的锡利群岛上

气团

当大气围绕地球流动时会跨越温暖和寒冷的海洋和陆地。这些地表特征会改变通过其上空的空气，可使空气变温暖或变冷、变干燥或变得湿润。气团流动得越慢，它停留在像温暖的海洋这样的特定区域的上空的时间就越长，那么海洋对空气的影响就越大。这就会产生四种主要气团。每种气团都有不同的温度和水分含量。

多样化的气团

热带海洋气团　极地海洋气团　极地大陆气团　热带大陆气团

地球上任何地方的气候通常总会受到两种或两种以上不同的气团影响。例如在北美洲，气候就受着6种不同气团的影响。寒冷的极地大陆气团由位于靠近北冰洋地区的加拿大向南流入，同时极地海洋气团却由北半球的大海向这一地区流入；湿润的热带海洋气团由热带海洋流入北美洲，而该地区南部中心区域上空会产生热带大陆气团。

▲季节的交替

一年之内海洋温度改变并不很大，但在一个大陆的中部，冬夏气温变化幅度可高达60℃，这样就影响和改变了大陆气团的特点，同时影响了它们与稳定的海洋气团交互作用的方式。春季从加拿大通过美国向南流动的大陆气团比来自墨西哥湾的海洋气团寒冷和干燥得多，它们之间的交互作用会导致春季的大陆龙卷。

◀热带大陆气团

当气流在炎热干燥的大陆上空通过时，可获取大量的热量并形成炎热而干燥的热带大陆气团。这种气流能导致旱季的到来，例如非洲撒哈拉南部的撒哈尔热带沙漠附近的地区。在这里，炎热干燥的气团会被赤道附近的上升气流推向沙漠以南的地区，如果继续向南推进，受这种气团影响当地气候也会变得炎热干燥。

◀极地大陆气团

当气流通过像加拿大和西伯利亚这样的寒冷而干燥的大陆地区时，就会形成寒冷而干燥的极地大陆气团。这些地区在冬季气温变得极端寒冷，这是因为地表气温降得远低于0℃，因而空气也会变得特别寒冷。如果这些气团被推向温暖的地区上空，就会使这些地区的地温急转直下。因为气流中几乎未含有水汽，就可形成蔚蓝天空下的干旱天气。

◀热带海洋气团

当气流通过温暖的海洋时，吸收了海洋的热量和水分，形成了热带海洋气团。热空气比冷空气所含的水蒸气要多，因而这些气团是非常潮湿的，并往往会形成大雨。在印度洋季候风期，来自印度洋的热带气团会向北流动，到达次大陆时，常会形成数月的持续降雨，这往往导致严重的洪灾。

◀极地海洋气团

气流通过寒冷的海洋时，由于与海水的接触，会变得凉爽下来。但不会像通过寒冷的大陆后温度变得那么低。这种气团也会吸取海上的湿度，但绝不像暖气团所含的水蒸气那么多，这种凉爽且潮湿的气团叫作极地海洋气团。在澳大利亚的塔斯马尼亚岛，由于受凉爽而湿润的海洋气团的影响，整年无霜，气候温和、湿润，岛上到处是保持茂密生长的温带雨林。

可变气团

虽然海洋气团含有大量水分，但其所通过的地区并不是总会形成降雨，这是因为气团的性质是可变的。例如，如果这种气团通过山脉，其气团中的湿度会形成雨水降落在山中，这气团再通过山峰后将会由潮湿而变得干燥，这就形成“雨影”，即在山脉的另一侧则几乎看不到雨。这种效应在南美洲非常显著。在那里，从太平洋向西流动的海洋气团会在通过安第斯山脉时降下大雨。在太平洋与安第斯山脉之间的智利，就会是湿润而肥沃的。但在山脉的另一侧，雨影效应就形成了巴塔哥尼亚沙漠。

受本格拉海流影响，空气中的雾使能见度降低

▲多雾的沙漠

海水的流动也会导致气团性质的变化。温暖而湿润的气团从大西洋流入非洲西南部，会遇到从南极洲向北流动的本格拉海流。气团与寒冷的海水接触，空气中的水蒸气变成雾和雨水降落下来。经过降雨后的气团再向前行进，到达纳米比亚的骷髅海岸时，已经丧失了其绝大部分水分，经常受这种气团的影响，其下的陆地变为贫瘠的沙漠。尽管如此，这种沙漠上的作物和动物也可以从来自海岸的雾气中吸取维持生存所需的水分。

锋

当两股气团相遇时，它们不是简单地混合在一起，其中一股气团往往比另一股温度低一些。有时冷而重的气团会推动它上面的暖空气；有时温度高而轻的气团会滑到冷气团的上方。无论哪一种情况，暖空气总会被向上推动，生成云和雨。在两种气团汇合之处，称为“锋”。大气层中常有一些锋，可延续数千千米之远；另一些锋是短距离，或是局部的。但所有的锋都会给两种气团之间形成界限。

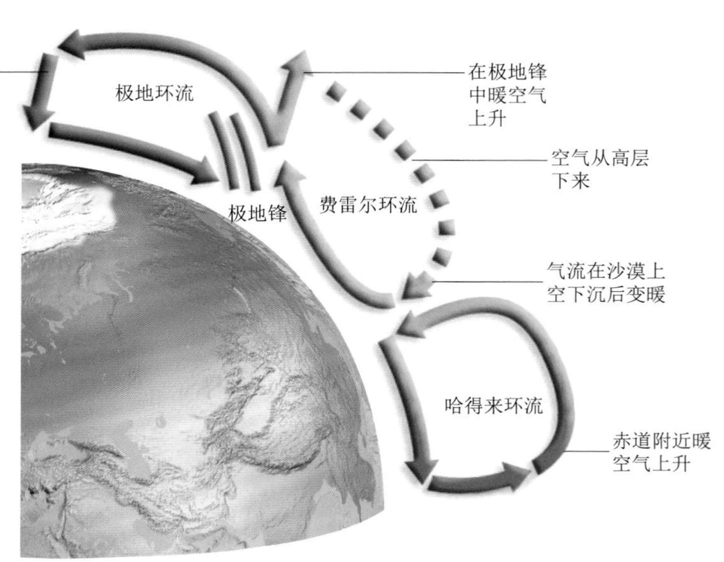

冷空气在北冰洋上空下降
极地环流
在极地锋中暖空气上升
空气从高层下来
极地锋
费雷尔环流
气流在沙漠上空下沉后变暖
哈得来环流
赤道附近暖空气上升

极地锋▶

两种最重要的大型的气候锋就是北半球的极锋和南半球的极锋，这两大气候锋标志着寒冷的极地气流和温暖的热带气流的界线。在北极锋，来自北冰洋的寒冷而沉重的气流，将它下面的来自热带的热气流推动前进。暖空气沿着倾斜的锋向上行进，一部分暖空气向北流动被推向极地。

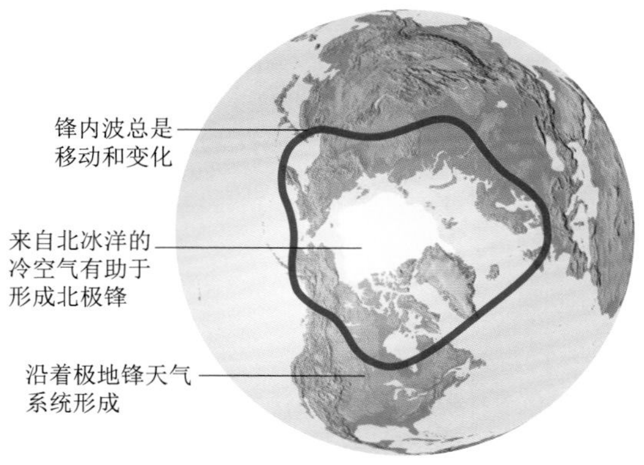

锋内波总是移动和变化
来自北冰洋的冷空气有助于形成北极锋
沿着极地锋天气系统形成

◀移动波

极地锋并不是机械地在一个固定的纬度上围绕着地球旋转，一些气团比另一些气团向北或向南推进得更远。这就将极地锋划分成四到五个具有不规则的形状的气流。这些波围绕地球缓缓地向东推进，随着风向，不断地改变其形状。锋面上的波动促使天气系统形成。它们影响着位于极地锋下面地区的天气变化。

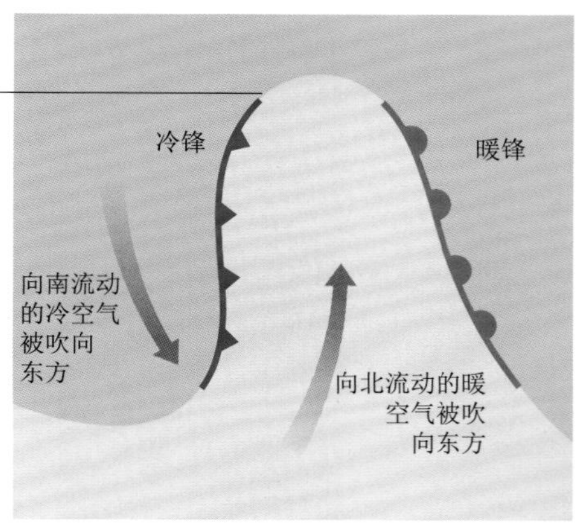

极地锋被改变成当地的暖冷锋
冷锋
暖锋
向南流动的冷空气被吹向东方
向北流动的暖空气被吹向东方

局地锋▶

当极地锋两边的暖气团和冷气团分别向北或向南推进时，它们在交错时互相挤压而在其前方形成移动波。如在北极锋，暖气团可能向北推进，而冷气团会向南推进。同时两股气团都向东移，它们前进的界线形成局地锋。移动的暖气团的主要边缘形成暖锋，移动的冷气团的主要边缘形成冷锋。

暖空气在冷空气
上空倾斜上升
在斜锋上方出
现薄的冰云
大片雨云在地
表附近形成
在与地表相交
处暖锋呈现
暖空气从地
面直线上升
随着气流上升
与冷却，厚的
云层形成
冷气团比暖气
团流动快得多
大雨往往标志
着锢囚锋
冷空气在暖空
气下方推动
冷锋上方往往会
形成厚的风暴云
热气流被前进
锋向上推去
在锋上方往往
会出现雷暴
天气
锋后面的冷区
是晴朗的天空

▲暖锋

当一股相对轻的暖气团向一股相对重的冷气团移动时，暖气团倾斜划到冷气团之上，形成一条坡度很小的边界，这就是暖锋。暖空气往往含有很多水蒸气。随着暖空气的上升或下降，水蒸气形成云或雨。因此，当暖锋到来之前天空中往往呈现一条很高的云带，接踵而来的是一片低而浓的云，就会有一场持续的降雨。

▲锢囚锋

有时冷锋前进的速度大于暖锋，逐渐赶上暖锋，最终前进中的冷气流会在暖气流下方推进，在暖锋的另一边会与更多的冷空气相遇，这就会把所有的暖空气从地表推向上空。这种态势就称作锢囚锋，或叫作一个锢囚。锢囚锋会生成很厚的浓云和大雨。

▲冷锋

当一股密集的、相对重的冷气团在冲着一股轻的暖气团移动时，冷气团冲向暖气团的下方，就会形成一个坡度很陡的边界，这就是冷锋；暖空气上升很快。如果含有大量的水蒸气，那么就会沿着狭窄的锋带形成大的风暴云。这会导致短时暴雨，随后便呈现一片蔚蓝的天空。

天气图上的锋

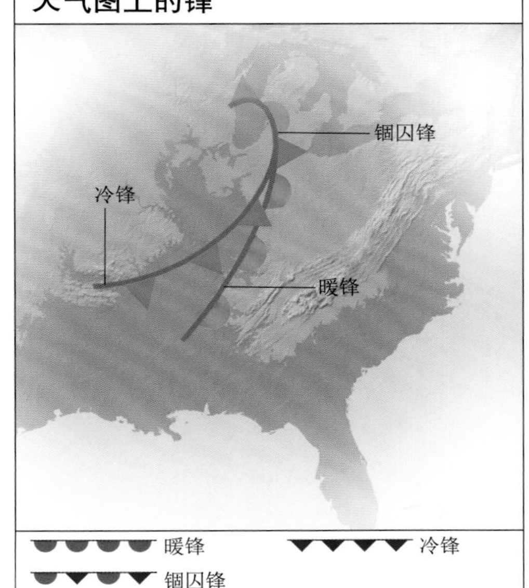
锢囚锋
冷锋
暖锋
暖锋
冷锋
锢囚锋

在天气图上，三条线段代表着三个类型的锋。在锋的界线与地面接触的地方，在地图上找出相应的位置画出锋线，冷锋的锋线上标有蓝色三角形，指出锋移动的方向；暖锋的锋线上标有红色半圆；锢囚锋线上是三角形和半圆相间，因为锢囚锋是由冷锋赶上暖锋所引起的，所以锢囚锋的标志就是由三角形和半圆一起表示。上图所示为美国东南部的天气图。

高气压和低气压

在像欧洲这样的中纬度地区，天气是由自西向东移动的天气系统所主宰的，这些天气系统是在分隔暖气团和冷气团的锋面处形成的。暖而轻的气流形成一个低气压带，这里空气趋于上升，周围的气流旋转流入这一地带，被低气压吸入，这就形成一个所谓低气压带的天气系统。在相邻的两个低气压之间的高气压带被称作“反气旋”，或叫高气压。

冷空气

暖空气

沉重的冷空气趋于下降

轻的暖空气趋于上升

高气压

风

低气压

▲气流

冷空气比暖空气密度大，趋于下沉。因此在冷气团下面的大气压要比暖气团下面的大气压高得多。高气压带的表面空气被挤压出来，以风的形式向低气压带流动。当这些空气到达低气压带中心时，就会上升。这就会导致更多的气流在低空补充进来。

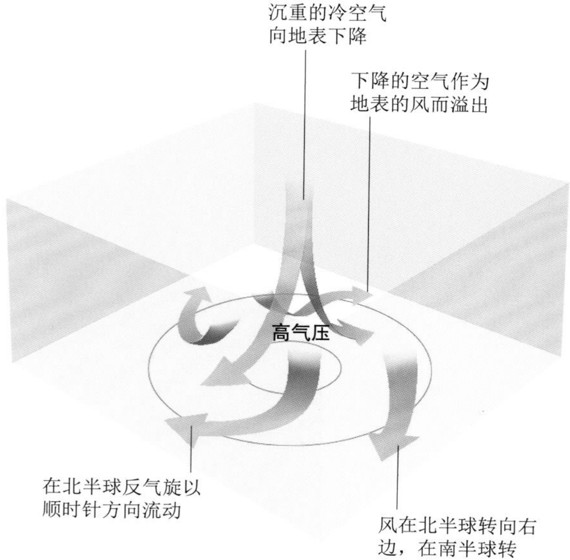
沉重的冷空气向地表下降
下降的空气作为地表的风而溢出
高气压
在北半球反气旋以顺时针方向流动
风在北半球转向右边，在南半球转向左边

反气旋▶

以风的形式从高气压带溢出的气流受到科里奥利效应的影响。导致在北半球气流突然以顺时针方向向右转向，在南半球以逆时针方向向左转向，这些反气旋中形成的风往往较小，反气旋本身移动较缓慢，会阻碍低气压向别的天气系统的运动。有时会形成延续数周的相同的天气。

▲蓝色天空

在高气压的反气旋中，密集的冷空气会下降，阻止了湿润的暖空气上升形成云，于是天空往往清澈而蔚蓝，或有少部分浮云。在夏季，有时这会导致阳光充足的炎热的白天，夜间气温较低。在冬季以高气压带为主的地区会形成晴冷的天气。但是，有时高气压带的湿润空气也会在低空形成一片片的灰色云片，这种现象称作“反气旋阴暗”。

RAIN Change FAIR

MUCH RAIN SET FAIR

STORMY VERY DRY

MET-CHECK

以毫巴和水银柱英寸为刻度的气压计

◀气压计

随着天气系统在空中的移动，气压也不断发生变化。当气压开始下降时，往往表示恶劣气候将要降临。人们用一种以毫巴（1 毫巴 =100 帕）为计量单位的仪器，称为气压计，来度量气压。在地球的海平面平均气压为 1013 毫巴。在高气压的中心地区大约是 1030 毫巴，低气压约为 990 毫巴。但实际上，相对气压是很重要的。1000 毫巴的气压可能被认为是高气压，也可被视为低气压，那要看周围地区的气压而定。

低气压涡旋

在北半球，正在流动到低压带的气流趋于向右转向，其原因是受到科里奥利效应的影响，但流动的空气也受到低气压中心气压的吸引，而同时趋于流向低气压中心，这种现象抗拒了科里奥利效应，其综合效应是形成逆时针方向的螺旋状，称作涡旋。在南半球，一切都是颠倒的，因此其低压涡旋也是以顺时针旋转。

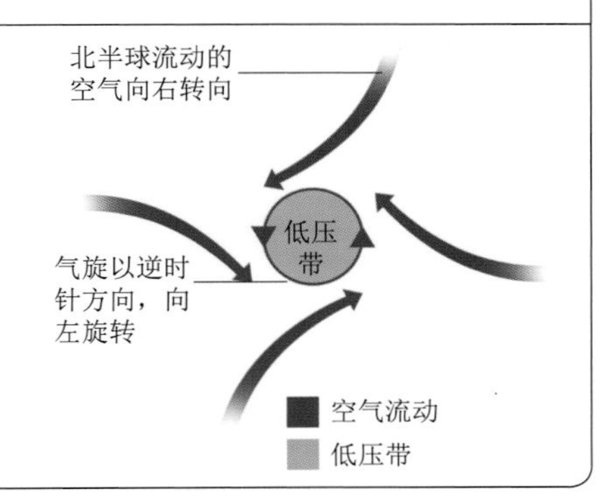
北半球流动的空气向右转向
低压带
气旋以逆时针方向，向左旋转
空气流动
低压带

云和雨▶

低气压地带的上升气流能够把水蒸气带到高空，冷却后形成云。这样低气压地区的天空往往是阴沉沉的，灰蒙蒙的，常常下雨或下雪，由于太阳被云遮住，与附近的高气压地带相比，白天总是相对凉爽，夜间往往相对温暖。

▼从宇宙空间观察

卫星云图中显示的旋转云系几乎都是低气压系统。从卫星云图上很少能观察到高气压系统，那是因为在高气压中几乎没有多少云形成。下面的云图中，一股逆时针旋转的云流显示了一个以爱尔兰上空为中心的低气压系统。欧洲大陆上空晴朗的天空表示着高气压系统的存在。

作为地表的风，气流卷入低气压系统
热空气上升后，地表的压力减小，更多的空气被吸入进来
低气压

◀低气压

低压涡旋产生一种被称作低气压或气旋的系统。气流形成风卷入该系统，在低气压中心上升。低气压系统中的风往往比高气压中的风大得多，可达到暴风甚至飓风的风力。低气压系统往往满载风和雨，流动速度也很快。

风力

风实际上就是气流在高气压带和低气压带之间的流动。风在这些天气系统中吹动，从高气压带席卷而出，然后被吸入低气压带。随着高气压到低气压之间的距离改变而气压改变的现象叫作气压梯度变化率，这就决定了风的强度。很少的差别或很小的气压梯度变化生成微风，而巨大的差异或巨大的梯度变化会生成强风。

改变梯度

微小的气压差往往给出小的梯度

微风顺着小梯度吹下来

大的气压差导致大的梯度

快速的强劲的大风顺着大的梯度吹来

高压和低压相靠近形成较大的梯度压力变化

大的梯度使强劲的风吹过较短的距离

▲气压梯度

气压梯度跟溜冰场上的斜坡的坡度的原理类似。如果斜坡的一端比另一端仅仅稍高一点，滑冰者将会缓慢地滑下来。但如果相同的距离高度发生大的变化，那么斜坡的坡度将会更陡，下滑的速度将快很多。形成风的气流是像滑冰者一样的方法从斜坡上吹下来的。

▲增大气压梯度

斜坡可以用两种方式增大坡度：一种是增加高度；另一种是缩短其两端的距离。同样的方法可适用于气压梯度。通常强高气压系统，通过增加气压梯度另一端高度的方法，增大坡度。这样向着低气压带吹的风速就会增大。而如果低气压距离高气压靠近一些，气压梯度也会增大，造成了在短距离之间的气压的变化，风速也因此增加。

克里斯托夫·白贝罗

克里斯托夫·白贝罗（1817—1899）是荷兰皇家气象研究院的奠基人，他首先发现并诠释了气压梯度影响风力和风速的道理。他发现风并不是像你所想象的那样从气压梯度上直线吹下来，而是围绕高气压和低气压的中心而回旋，这就意味着风是沿着天气图上的某等压线吹来的，而不是横跨等压线。

绘气压图▶

在天气图上，大气压力是用等压线来表示的，即连接相同气压的地区的连线。如等压线间距离靠近，那么在较短距离内气气压梯度大，形成大风。如果等压线间距离较远，气压梯度就会缩小，会产生微风。在这张图上，大片空白的澳大利亚上空的等压线说明该地区的风力要比大洋彼岸的南极地区的风力小得多。

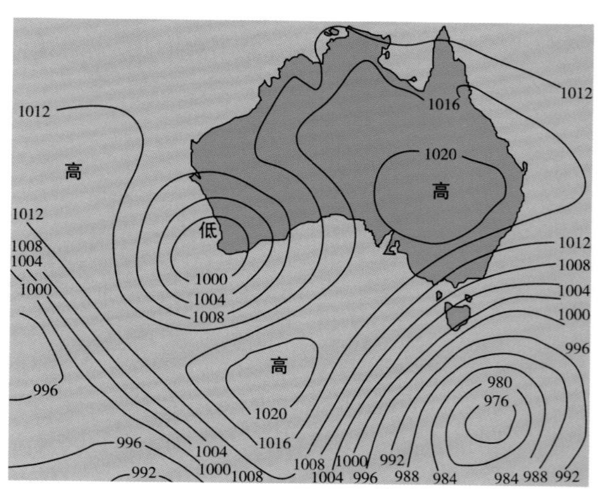

◀白贝罗定律

高气压和低气压地带的所有地区均有风吹过，风并不是只在它们之间吹动。白贝罗认为，如果在北半球一个人背对风向站立，那他左边总是低压带，而他右边总是高压带，但在南半球，情况正好相反。这就是白贝罗定律。

风螺旋▶

在反气旋中，风总是从气压梯度顶端以螺旋方式旋转下来，由底部滑出去，这正像在游戏中一个人从旋转滑梯上滑下来一样。在低气压带，空气在气压中心向上旋转，而且方向是相反的。这正像旋转滑梯系统把一个人从下面拉到顶部一样。

◀风速和风力

风速越高，风力越大。但风力增加的速度比风速快得多。例如风速增加1倍，假设从每小时10千米增加到20千米的话，其风力就会增加4倍。在高风速下，速度上的微小增加就会引起风力的巨大增加，从而毁坏房屋、折断树木。

蒲福风级

1805年，一位名叫弗朗西斯・蒲福的英国海军军官设计了一个刻度系统，以帮助士兵测量风力的大小，蒲福风级计就是以他的名字而命名的，刻度从0～12，可测量到除巨大的飓风以外的任何风力。

蒲福数	风类型	风速（千米/时）	风力的影响
0	无风	0	无影响
1	软风	3	烟示风向
2	轻风	9	树叶微摇
3	微风	15	树叶及小枝摇动
4	和风	25	小树干摇晃
5	劲风	35	小树整个摇动
6	强风	45	持伞有困难
7	疾风	56	大树整个摇动
8	大风	68	步行困难
9	烈风	81	木屋顶受损
10	狂风	94	大树连根拔起
11	暴风	110	建筑物严重受损
12	飓风	118	建筑物普遍损坏

风与波浪▶

风吹大海，掀起浪花。强风掀起大浪，波浪翻滚得越远，浪就越大，因而在地中海这样的小的海里掀起的波浪，永远也不可能像在太平洋这样的大洋里，用同样大的风所掀起的波浪一样大。

急流

急流是在高空绕地球快速流动的气流，是在像极锋这样大的天气锋上空所形成的。有四条主要的急流，它们沿着像波浪一样的轨迹向世界各地流动，这些轨迹不断改变其形状。急流对我们的气候有很大的影响，因为它们会产生随同它们一起流动的高、低气压。通常，急流中的一些独特的波动往往和一些极端天气形式有联系，比如干旱和洪水。

▲急流云

急流常常是看不见的，但有时它们的位置是被高空中的一长条冰卷云给显示出来。这条急流云标志着它是北半球副热带急流，是在红海和埃及的尼罗河上空流动的。急流中的气流流动非常快，速度差不多与飓风的风速相当。但因为急流在距地面 11 千米高的空中流动，所以看起来比较缓慢。

◀高速风

主要急流有南极和北极急流、南半球和北半球副热带急流。极地急流位于极锋上空，而副热带急流位于高气压沙漠地带。这些急流都自西向东高速度流动。极地急流比副热带急流的风力要大。在急流中心的风是最强的，随着往两边的扩散，风力减弱。北极急流中心地带的风速可达到每小时 450 千米，但是平均来说，在冬季其风速为每小时 160 千米，在夏季为每小时 80 千米。

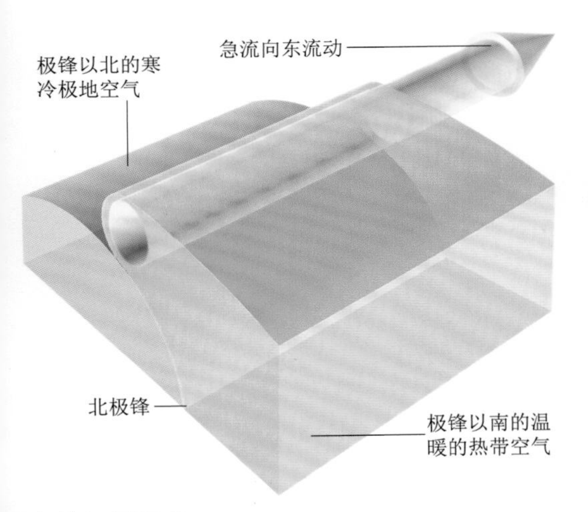

▲急流如何形成

当冷暖气团在某一锋上相遇时，急流就会生成，在对流层顶部附近，锋的暖的一侧的气压就会比冷的一侧高。这个气压差使气流从暖的一侧向冷的一侧流动，科里奥利效应使气流转向东方。温差越大，急流流动速度越快，这也就说明为什么极地急流的风力要比副热带急流的风力强的原因。

◀雨日

极地急流波自西向东缓慢移动，它们所生成的天气系统也随之由西向东。低压带形成，在移动中逐渐加厚，给下面的地区降下大雨后低压带就崩解。这就是为什么极地急流下面的区域比如欧洲北部会有变化莫测的天气的原因。

◀晴朗季

如果极地急流波变得非常极端，它们能够把高空的空气形成环流圈，使这些空气不能向东流动。这就阻碍了低压带由西向东移动，往往会导致一段很长时间的晴朗的高气压气候。最后上空的气圈扩散开来，低压带又开始东移了。

◀干旱

因为随着极地急流的流动会形成不同的天气系统，那么其位置就会影响当地的天气，急流向北或向南的小的移动，就可能导致天气转晴或转阴。但是急流位置的巨大移动则可完全打破通常的天气格局，会引起干旱，使庄稼受灾。

高空飞行

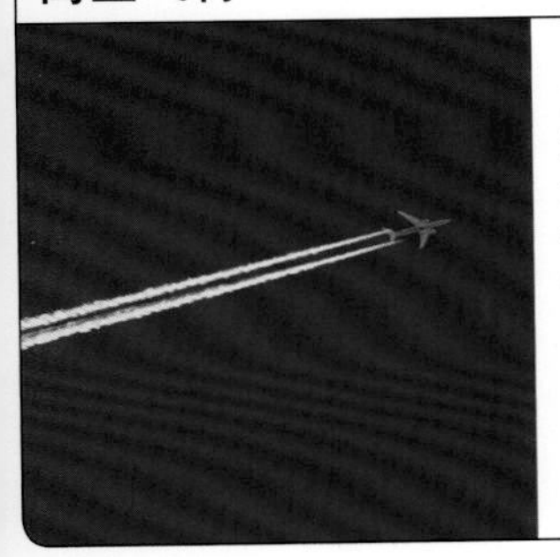

20 世纪 40 年代，美国飞行员驾着战斗机在高空飞行时发现了急流。今天，飞机在向东飞行时，利用急流来增加飞行速度。利用急流，飞机横跨美洲大陆向东飞行的时间会提前半小时。但向西飞行时，飞机要避开急流，因为这种迎头强风会减慢其飞行速度。

急流波和天气

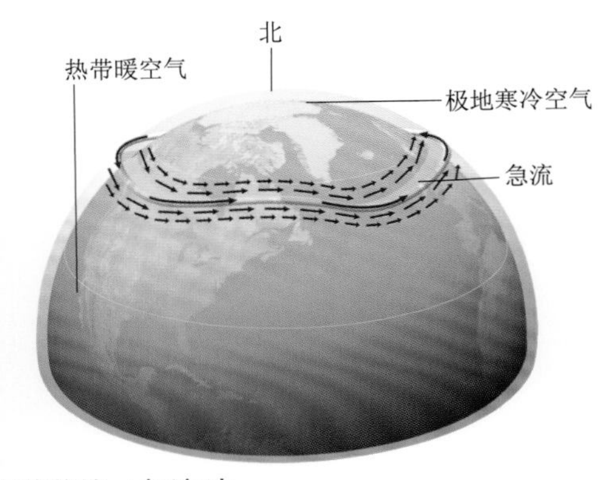

▲随着锋一起流动

北极急流位于北极锋上空，在自赤道向北流动的暖气流和自北冰洋向南流动的冷气流之间划出一条界线。极锋是一条带有四到五个波动的移动界线，于是急流也会沿着这些波向北或向南流动。

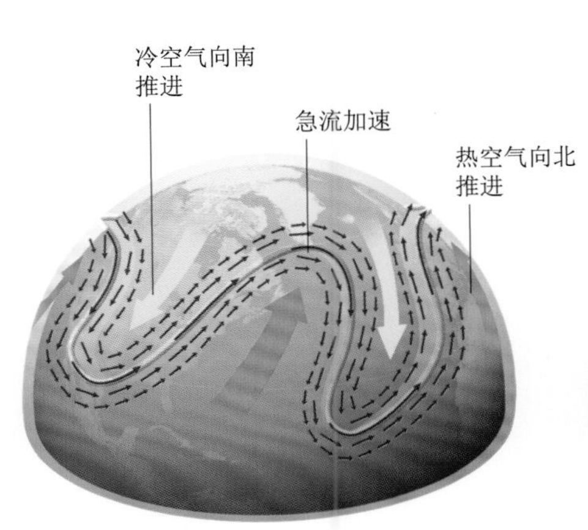

▲形成波形

在极锋两侧温差很大的地方，极地急流的流速最快。因此当暖气流从远距离推进到冷气流时，急流会加速前进。不稳定的速度会使急流突破周围的空气，使波形更加扩大。

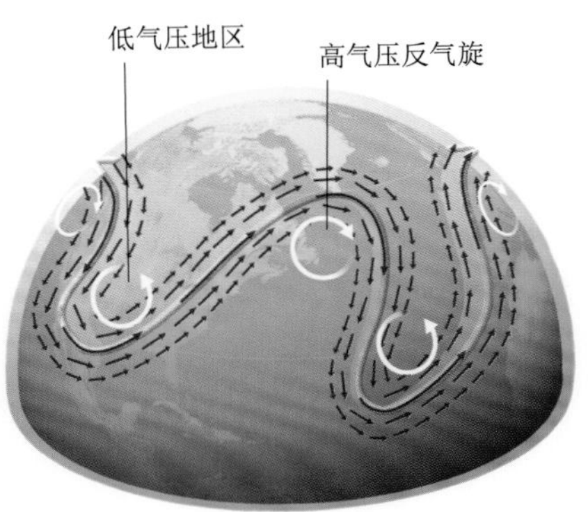

▲推与拉

当极地急流向南推进时，会变得更加强烈，将空气往下压，形成高压带；当它掉头北上时，又趋于把下面的空气往上吸引，形成低压带。于是急流中的波形模式可在急流下面的空气中形成一系列的高压或低压带。

▲海洋蒸发

在热带地区，炎热的太阳把洋面的水温升高到 25℃以上，这意味着水分可以不断地从大海蒸发，使大量的水蒸气上升到天空。由于水蒸气是看不见的，所以它形成时天空看起来仍然是很晴朗蔚蓝的，但当水蒸气被带到大而高的岛屿上空时就开始凝结形成云，就会给下面的岛屿带来降雨。

水蒸气

水受到阳光的照射而向上蒸发，就生成无色的气体，称为水蒸气。水分不断地从大洋、湖泊、湿地或植物上蒸发掉，甚至当气温很低的时候也是如此。水蒸气上升到天空遇冷凝结成水滴，这种现象称为“凝结”。这种蒸发和凝结的循环导致生成云、雨和雪。同时也会吸收或释放能量，影响天气变化。

湿度测定

空气中所含水蒸气的量称为湿度。当测量湿度时必须考虑气温，那是因为暖空气比冷空气所含的水蒸气多。湿度表示在特定的气温下，空气所含的水蒸气总量的百分比。湿度可用含有两个温度计所组成的湿度计来测量，一个温度计用来量气温，另一个保持潮湿。空气中的湿度控制着温湿度计上的水蒸气蒸发的速度，而显示出读数，两个读数一起用来计算湿度。

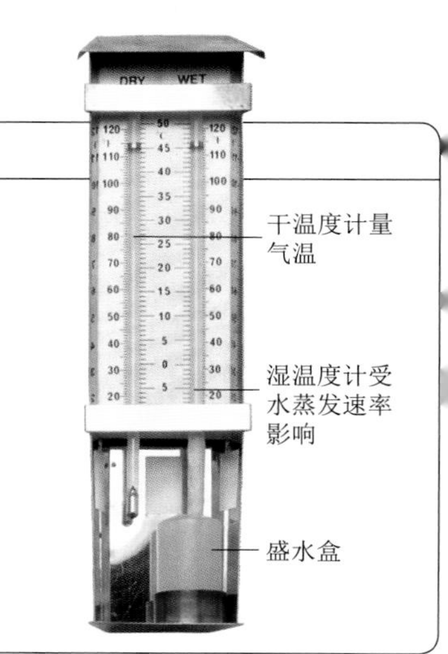
DRY
WET
干温度计量气温
湿温度计受水蒸发速率影响
盛水盒

▲湿热

虽然我们看不见水蒸气，但能感觉到空气中的高湿度，这在温暖的天气中感觉更明显。这不仅因为暖空气比冷空气所含的水蒸气多，而且因为高湿度会阻碍身体出汗。出汗是身体的一种散热功能，如果不能畅快地排汗，你就会感觉非常热。在热带气候中，人们会感觉全身潮乎乎且闷热，在暴风雨来临之前更是如此。

▲雾和云

即使在热带的暖空气中，所含的水蒸气也有一定限量。如果一旦达到这个极限，我们就说它饱和，含有 100% 的湿度了。冷空气不像暖空气的水蒸气含量一样多。如果饱和气体冷却，水蒸气就会变成液态水，这些水分凝聚成微观的，但却可见的小水珠，飘浮在空气中，被称为雾。如果水蒸气在上升到天空中后才凝结，称为云。

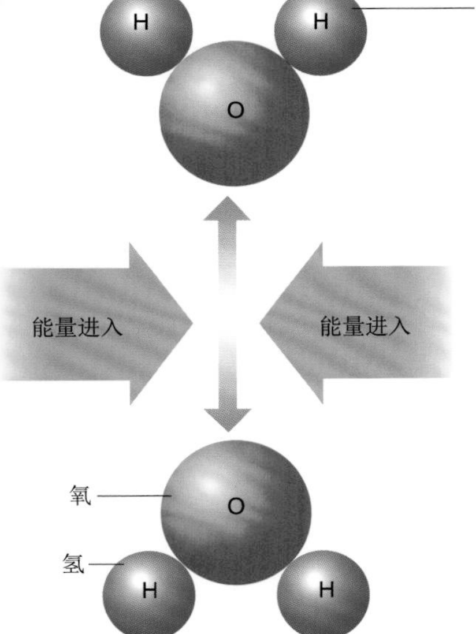

◀**蒸发**

当液态水蒸发而形成气体时，它的分子互相分离。要分离，分子必须克服让它们束缚在一起的力量，这就需要能量。它们吸收周围空气中的热量作为其能量，这种热量的转化使周围空气凉爽下来。但水蒸气的温度不会升高，因为能量被蒸发过程本身所吸收。

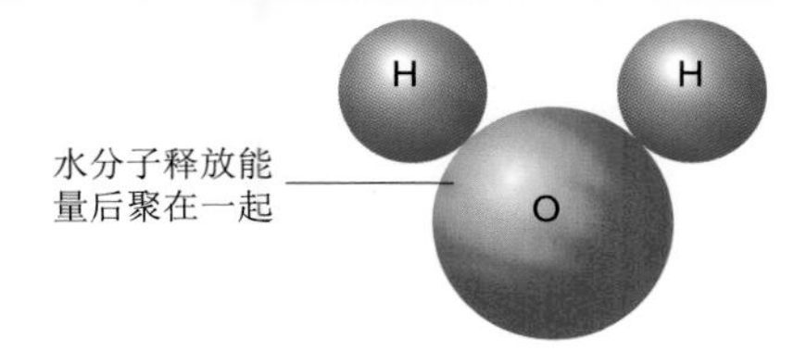

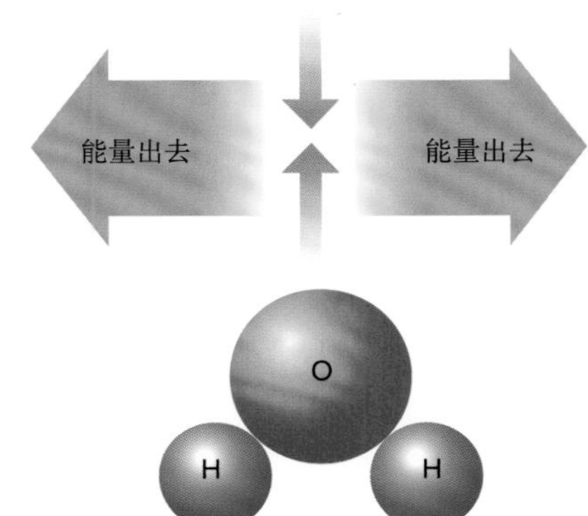

◀**凝结**

当水蒸气形成时，吸收能量，因此水蒸气比液态水所含的能量要大得多，如水蒸气凝聚成水珠，那么能量就会以一种被称为潜热的形式释放出来。这些能量把水滴周围的空气加热，并使其膨胀，那么空气就会上升。水蒸气也一起上升到空中。这个过程为云的上升扩大提供能量，有助于形成风暴和飓风。

▲**晨露**

空气中水蒸气凝结的另一个例子就是露水。露在凉爽而晴朗的夜晚形成，那时白天的热量已消散在宇宙空间。空气在地面冷却，其中的水蒸气凝结，液态水以露珠的形式出现在凉爽的植物或其他陆地表面。当把冰冷的饮料倒入玻璃杯时，也会出现上述相同的现象。那是因为玻璃杯突然遇冷，造成周围的空气冷却，使水蒸气变成水珠凝结到玻璃杯外壁。

▲**霜**

冬季地表温度下降剧烈，空气中浮游的水蒸气不是首先变成液态水，而是直接结成冰，形成柔软呈白色的结晶体，我们称之为霜。这些小霜块可像雪一样堆成厚厚一层，也可以在玻璃上形成美妙的树枝状的结冰图案，当霜融化时会直接变成水蒸气，出现“在阳光下冒气”的景象。

云的形成

含有水蒸气的空气上升到高空，遇冷，冷空气不能像暖空气含有那么多的水蒸气，于是水蒸气开始凝结成为液态水，形成微小的水珠，那就是我们所看到的云。如空气内的水蒸气达到了饱和的程度，而且又处于低空，那就形成低云。如果含有水蒸气的空气继续上升而没有形成云，那么当它们到达气温在 0℃以下的高空，水蒸气就会凝结成小冰晶块。

▲稳定空气

当暖空气上升时，开始冷却。在晴朗的天空中，每上升 100 米，气温会下降 0.6℃，这种随高度增加而温度下降的变化称为“直减率”。随着空气冷却，其密度增大，最后密度增大到与周围空气相同时，就停止了上升，这类空气称为稳定空气。随着温度降低，所含的水蒸气就变成了小块的浅云。

凝结核

除非附着在固体物质上，否则水蒸气很难凝结成小水珠。在空中有微观的小尘粒，或从海水中蒸发上去的小盐粒，这些颗粒就被称为凝结核。空气中，通常情况下每立方分米含有 50 ～ 500 个凝结核。

不稳定空气▶

湿润的暖气团上升，膨胀又冷却时，空气中的水蒸气凝结，就会释放出潜在的热量。这些热量可使气团微热，这样会比周围的空气温度高一些，密度就会小一些，因而可以再上升一段距离。如果空气中仍然会有水蒸气，那么又可以凝结，就又会释放出热量，上述过程中又会重复。用这种方法上升的空气被称作不稳定空气。

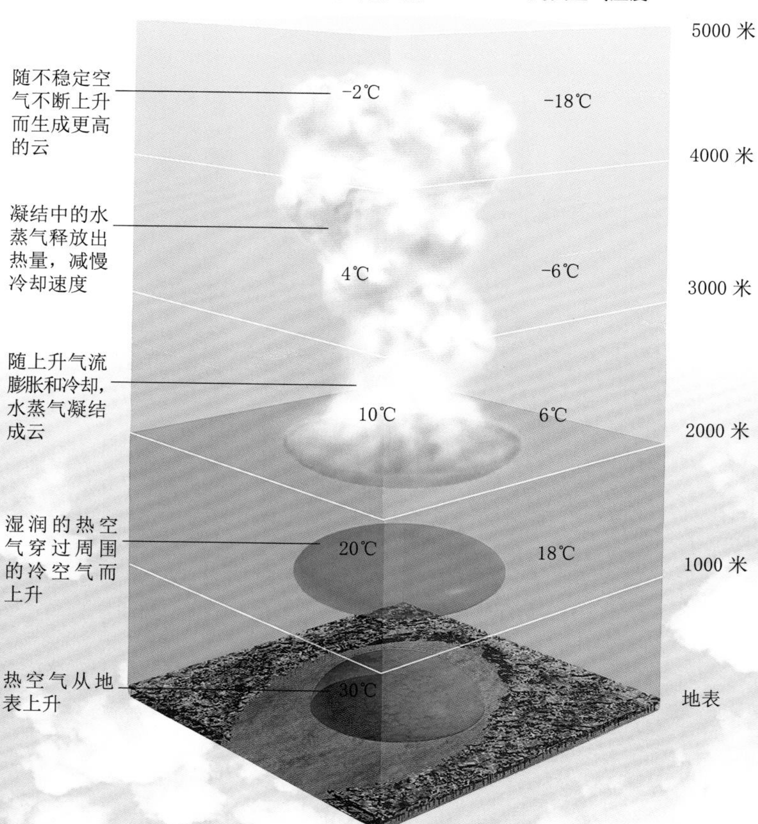

▼云滴

典型的云滴其直径仅仅为 0.01 毫米，云滴如此之小以致 100 万个云滴才能组成一个雨滴。在高空所形成的冰晶体也仅仅和云滴一样大小。它们的重量如此之轻以致能被上升气流托起，在空中作为云漂来漂去。然而随着更多的水蒸气凝结，云滴相互结合在一起，最终以雨的形式降落下来。

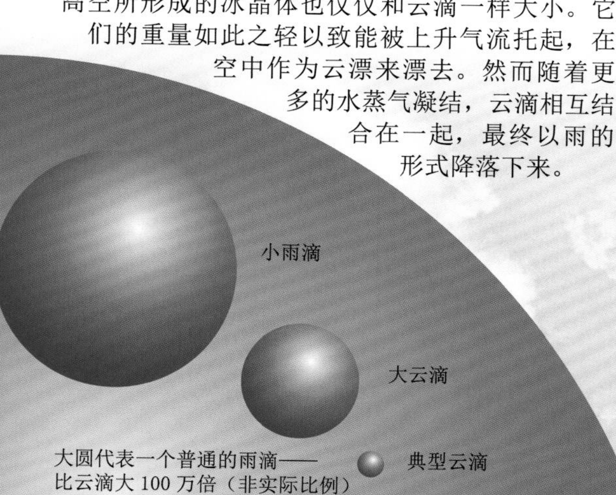

大圆代表一个普通的雨滴——比云滴大 100 万倍（非实际比例）

对流云▶

湿润的空气受热而上升，形成云。这种上升运动是由于太阳照暖地表或海面，上面的空气也变暖，继而上升引起的。上升气流遇冷在空中形成云。这种过程被称作“对流”，这样生成的云被称为“对流云”。对流云范围很广，从绒毛般的淡积云到巨大的风暴云。

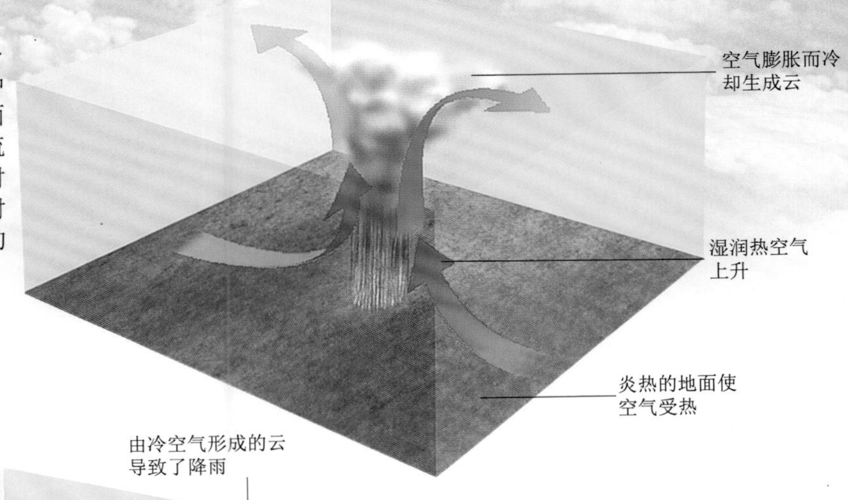
空气膨胀而冷却生成云
湿润热空气上升
炎热的地面使空气受热

◀地形云

通过山脉的气流被迫沿斜坡上升，在上升过程中膨胀和冷却，在山坡和山峰上空形成云，这种云可被风吹走，也可当到达另一侧时，空气下降时而被蒸发掉。但新的云又可生成。云经常在山的某一地方出现，仿佛给山峰戴上一顶帽子。这种云被称作“地形云”。

在山脉另一侧干燥空气下降

由冷空气形成的云导致了降雨

背风的斜坡往往是干旱的

湿空气顺着山坡上升

迎风的斜坡往往是湿润而翠绿的

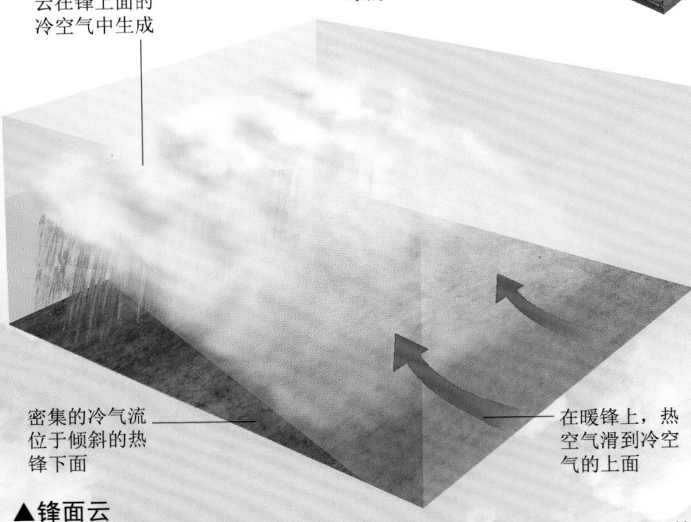
云在锋上面的冷空气中生成
密集的冷气流位于倾斜的热锋下面
在暖锋上，热空气滑到冷空气的上面

▲锋面云

当一股暖气团或冷气团在锋面相遇时，暖气流可能会沿着密集的冷气流的上方流动，或者说是被冷空气推上去的。随着上升，空气膨胀，然后又冷却变得密集，促使水蒸气凝结形成云。这种云被称为“锋面云”。锋可以移动过很长的区域，于是锋面云往往会布满天空而遮住阳光。

水蒸气在波峰处形成云

波状云▲

当暖空气通过山脉上升时，并不总是在山的另一侧下降，它可以继续上升或下降，以一系列很浅的波浪状态起伏前进，延续到远离山脉的地方。有时这些波形由每一波峰上的云显示出来，故称之为波状云。当空气上升到波峰顶端，冷却，水蒸气凝结形成一股股可见的白色的云。当空气下降到波谷时，受热后的云滴蒸发为不可见的水蒸气，蔚蓝的天空又显露出来。

高云

水蒸气上升到高空后才凝结，会形成看上去一缕一缕的云。这种云完全是由小的冰晶所构成。高云在高度为 6000 ～ 18000 米的高空才出现，也就是对流层顶的附近。它们都以拉丁文 cirrus 命名，这个词的意思是“头发”。有三种主要类型的高云，分别为卷云、卷积云、卷层云。

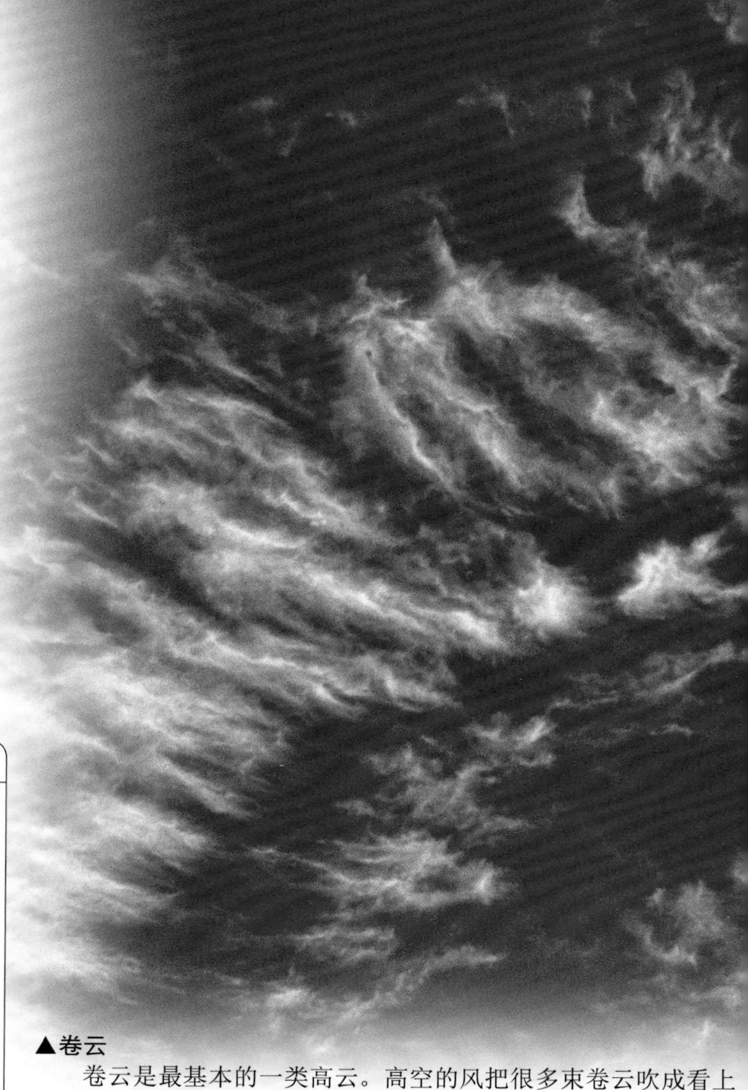

▲卷云

卷云是最基本的一类高云。高空的风把很多束卷云吹成看上去像马尾巴一样形状的云，这些形状的卷云有的是直的，有弯的或钩状的。一般来说，这些形状都表示了高层风的风向。卷云几乎总是呈亮白色。它们在日落时呈现的时间比别的云久一些。密度很大的卷云在光亮的背景下呈灰色。虽然卷云总是在干燥的空气里形成，但如果它是在暖锋最高层的边缘生成的话，它可表示低压系统即将到来，卷云有时也和晕效应有关联。

云的基本分类

我们现在所使用的云的名字是英国业余气象学家都卢克·霍华德（1772—1864）设计的，他把云分为四种基本类型，以拉丁文命名：卷云、卷积云、卷层云和雨云。这些名字的意思分别为“束状的”“堆积的”“扁平的”和“雨的”。它们可以组合使用。例如“雨层云”意思是“扁平的雨云”。但是卷云的意义逐渐演变为“由冰组成的高云”，云也可以按其云底（云的底线）的高度分为高、中、低三种。

名字	意思	云的形状
cirrus	拉丁文字义为“头发”	细束状，高的
cumulus	拉丁文字义为“叠”	堆积的
stratus	拉丁文字义为“层”	扁平帘状的；薄层状

卷云的类型

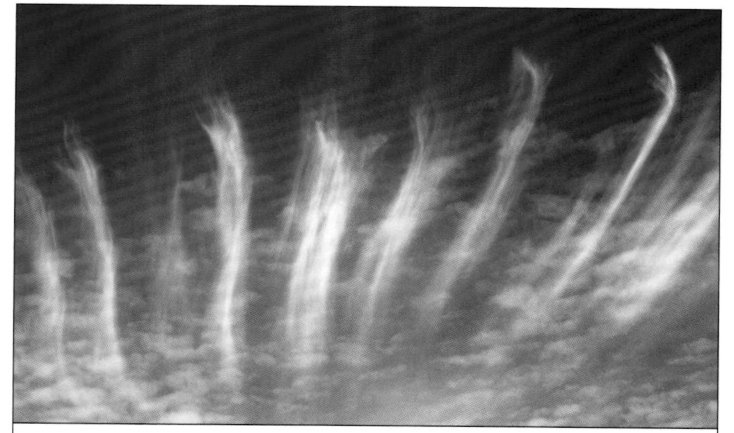

幡状卷云

我们常常会看到冰晶从卷云上落下来，这些幡状降落物就被称作云幡。它们是类似雨和雪一样的天空降落物，但由于它们从非常高的天空降落，在到达地面之前就又被蒸发了。这些幡状下降物使云呈现一种边缘不整齐的外观，但往往这些云又被风吹成钩状物，后又摆脱下降的风减弱成一缕缕云痕，但仍然在高空。云痕越长，高层风就越强，长长的卷云雾，有时会被认为是飞机留下的轨迹。幡状云雾也可以从其他类型的高云、中云或低云降落下来。

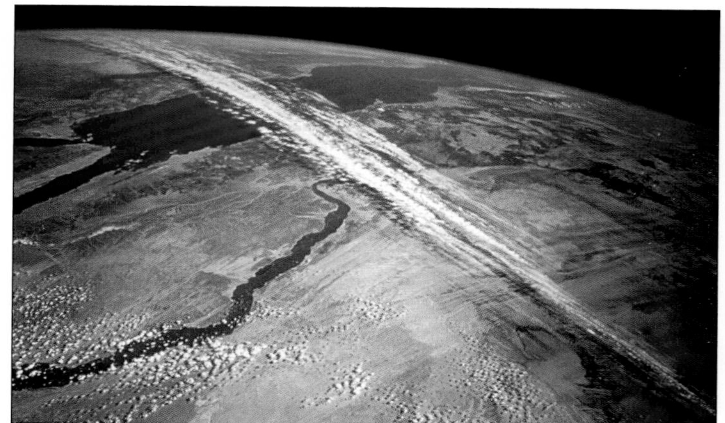

急流卷云

急流的位置有时会被卷云的轨迹表示出来，这些云跟随着急流的方向流动。在卫星云图上，它们显示出非常独有的特征。本图所示为非洲北部副热带急流。尽管它们处在 11 千米的高空，急流卷云有时仍会在地面上看到。急流卷云有时呈现数道平行的云带。每一道急流卷云是由交叉的云带（被称作波状卷云）所组成。这一现象是快速的急流卷云和慢速流动的周围空气相互作用形成的。

▲卷积云

高空细波纹状的云体称作卷积云，像其他高云一样，它是由冰晶形成的，那是因为高空中气温在0℃以下。但空气的流动导致了气流在云的内部以规则的波浪形状上升或下降，当气流下降时，一些冰晶变成看不见的水蒸气。这就使连绵不断的云层转化为很多的小云体，这些云滴常会遮蔽了大块的天空。

▲卷层云

当连绵不断的高云形成白色透明的云幔遮盖住天空时，那就称为卷层云。它可在白天将天空变成白色；在日落时变成红色。本图中，卷层云在顶端形成了云层。卷层云很薄，可以透过它看到太阳和月亮。如果卷层云是由卷云形成的，预示着恶劣天气将要来临；如果卷层云散开了，说明天气将有所好转。

▲鱼鳞天

卷积云和细小高积云可形成常见的条纹形，这在高积云上空常常可以看到，从图案上看却很像鲭鱼背上的鱼鳞，布满这种高积云的天空常被叫作鱼鳞天。这种图案实际上对高积云来说更加常见。这也是它区分其他高云的一个较固定的云形。鱼鳞天的出现往往是低压天气系统即将来临的征兆，随之会有浓云和降雨将至。

▲凝结尾迹

喷气式飞机在高空飞行会留下一道道水蒸气的轨迹划过天空。水蒸气在散开之前就结成冰，而形成了凝结的痕迹，又叫凝结尾迹。水蒸气结冰会有一个短暂的时间，从喷气机和尾迹起始处之间通常存在有缝隙可以看出。凝结尾迹下有一道块状或波形出现，这是由飞机机翼的气流所造成的。这些尾迹在天空中到处扩散，特别是在繁忙的航线上更是如此，看上去好像大自然的卷云。

中云

底部位于 2500 ～ 5000 米高度的云被称为中云。最高的中云是在热带，因为那里的对流层顶部最高。很多中层云的名字以“alto”开始。易混淆的是“alto”出自拉丁文词汇 altus，意为“高”，尽管这些云不属于高云。中云有三种主要类型：高积云、高层云和雨层云——一种也可以生在低层的云类型。

高积云▲

漂浮在中层天空中的大小不一的、不整齐的云片被称为高积云。这种云大部分是由小水滴组成，形成其清楚的轮廓，它通常生成于一层湿润的空气之内，在那里气流以很小的波形流动，云是在波峰形成的。高积云往往在夜晚形成，在早晨消散掉。

高积云的类型

平行滚轴云

高积云往往发生在两层不同温度和湿度、朝着不同方向、以不同速度流动着气流层的分界线处。其分界面可呈大的波形。当气流上升到波峰，水蒸气受冷而凝结成可以看见的云。当下降到波谷时，云被蒸发为看不见的水蒸气，出现一条蓝色天空。这就形成平行滚轴云，在它们之间可以看到晴朗的天空。当这些滚轴云合拢起来时，天空就会出现鱼鳞状的图案。

荚状高积云

如果气流上升越过山脉在山的另一侧下降，那么就可在空中形成波。在这些波峰，空气较冷，于是水蒸气凝结形成云，这些云被称为“荚状高积云”。其名字的意思是“像荚一样形状的高积云”，但其实这种云的形状比它的名字复杂得多。荚状高积云看起来像大量的盘子或垫子层叠而成。这种形状的云往往被当作不明飞行物而报道。

堡状高积云

在水蒸气凝结形成高积云时，会释放出能量加热内部的空气，这些暖空气上升，使云状呈现出城堡或塔样的形状，故得名为堡状高积云。这种云的出现是空气中强烈的上升气流的前兆。这种上升气流会导致生成非常大的积雨云，引起暴风雨或冰雹。虽然堡状高积云外观动人，但往往它出现后的数小时之内就会带来暴风雨天气。

可以看见的雨

当雨、雪或雹从像雨层云这样的云层降落时，在相隔一段距离之外的地方往往会看到黑暗的云层下面有一层像灰色幕布一样的东西。有时在云后面的太阳照射下就呈现一种奇妙的银色景象。这种雨云和可见雨的结合称为“降水性”，拉丁文代表“降水”的意思，也即为“降雨、降雪”。于是雨层云以这种方式降雨被称作“雨层云的降水性”。同样的雨帘景象在通常下雨比较少的地区也会出现。本来阳光充足，突然出现阵雨或雷雨天气时，雨帘可从积雨云或暴风云上垂下来。降水性同雨幡非常相像。但所不同的是，雨幡是冰晶穿透空气降落的同时蒸发掉，而降水性则是指雨、雪或冰雹实际上已经降落到地面。

▲高层云

大片的灰色或浅蓝色的几乎把整个天空都遮盖起来的中云，叫作“高层云”。高层云的顶部是由冰晶所构成，但下半部却是由水滴组成。高层云的厚度可遮住太阳，但透过云层可看见模糊的阳光下形成一片“水样的天空”。这种云往往是当暖锋顺着冷空气倾斜向上流动时形成的。这种云的出现表示低气压气候要来临，往往会下毛毛雨或小雪。

▲雨层云

高度最低的一类中层云就是雨层云，它可在600米的低空形成，也可以向高空延伸到2000米的高度，因而它是最厚的中云。它是以拉丁文 nimbus 和 stratus 的组合得名，nimbus 意为“雨云”，stratus 是“层”的意思。于是雨层云是一层很厚的深灰色的雨云，可以遮住阳光。它可形成持久降雨或降雪。它往往产生在暖锋流动的地方。暖锋向上移动时，雨层云跟随高层云流动，天气便会变得恶劣。

低云

底部在 2000 米以下的云则属于低云。它的范围很广，包括标志着好天气的小型的绒毛般的积云，还有层云、层积云，以及可能上升到对流层顶部的巨大的积雨风暴云。地表所形成的雾也属于低层云。

▲晴天积云

夏季空中飘浮的乳白色的绒毛般的云被称为积云。湿润的暖气流上升到空中一定高度时，能够冷却，凝结成水蒸气，积云就存在于这一高度。积云的周围有冷空气下降，流动到云的下方，在下降过程中又会受热。这就防止积云从两侧扩散。

▲中展积云

小片积云在早晨出现到午后逐渐变大。这是因为云中的水蒸气凝结而释放出潜在的热量，这会引起它们继续上升，这种情况下的积云称作中展积云。这种云比积云形状更庞大，顶部出现上升云瓣，其顶部的边沿界限分明而清晰，云底平整，一般不会下雨。

▲云街

积云会形成很长的一条条平行但隔离的云，称作云街。它们是在有强烈的上升暖气流发源地上空形成的，如大洋中的岛屿或小山上空，上升的空气形成云，之后会随着风消散。它们往往是在没有形成大块云之前就分裂开来，从而阻碍它们聚集在一起。在高原山脉上往往会出现多种多样的云街。

积雨云

积雨云是所有云的类型中最庞大的一类，它可带来大雨、雷暴和冰雹天气，虽然积雨云在分类上属低云，但是它可以穿过所有的云层而上升，直接上升到对流层顶部，然后在顶部形成砧状云而扩散开去。这类云可以上升到1万米高的高空，其云底是水珠，顶部由冰晶构成，积雨云是由非常湿润的暖空气对流生成。在水蒸气凝结的同时，释放出热量为其继续上升提供了能量。

◀地形层云

在流动的湿润的暖空气跨越丘陵或山脉时常会形成云片，这种云就是地形层云。本图所示为非洲南部的桌山被地形层云笼罩。在山上这种云看起来似乎与雾一样，相同的现象出现在高地，层云底上升，形成了山雾。

◀层云

在冬季，低空往往生成延伸很远的灰色云片，又无明显特征，这种云称为层云。层云的云底几乎不会超过600米高。层云的形成往往是湿润的空气被吹过寒冷的地表，使水蒸气冷却而凝结成云滴。这个过程与雾形成的过程一样。但层云是被空气流吹离地表或海面的。

◀层积云

层积云是由数堆或数卷合并形成的延伸很远的低空云层所组成。上升的湿润空气中的水蒸气凝结而形成层积云。当上方的一层暖空气阻碍了云继续上升时，云以灰色块状云层散布开来，这就形成了层积云。它也可由变平的积云形成，这类云通常并不会产生降雨。

▲浓积云

当中展积云生成的高度超过宽度，那就是所谓浓积云。此类云呈亮白色，具有塔形云顶和明显的轮廓。而侧边被大风吹成棕色。云底呈灰色，具有不整齐的边缘，预示着要降雨。如果这类塔状的浓积云继续扩大，那么将会变成积雨云。

霭和雾

云是在地面生成，那么空气里就会充满了微观的小水滴，能见度就会变得很低，这种现象就叫作霭或雾。霭和雾非常相似，但只不过雾比霭浓一些而已。如在空气中能看清距离1000米远的物体，那空气中就是霭；如果能见度不足1000米，就是雾。霭和雾与云的形成原因相同——空气受冷，其中水蒸气凝结为能看见的小水珠。霭和雾的出现往往是湿润的空气受到了来自陆地或海洋的冷却的结果。

▲海洋寒流

海雾常常在海洋寒流上空形成。例如在旧金山金门桥下的雾，就是当太平洋的暖湿空气被吹到来自阿拉斯加向南流动的加利福尼亚寒流上空时形成的。海雾能将空气中所有的水分凝聚在其中，使空气中几乎再没有水分形成降雨。这种效应有时会导致沿海沙漠，例如在智利的阿塔卡马沙漠和非洲西南部的纳米布沙漠就是这种原因造成的。

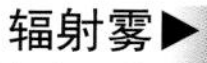

辐射雾▶

在寒冷、晴朗的冬季夜晚，天空中几乎无云，热量就会从陆地辐射到空间。这些热量的丢失会使地表以上的湿空气冷却，水蒸气凝结而形成雾。这种雾就被称作辐射雾。湿度在这个过程中起着至关重要的作用。因此辐射雾是在雨后，或在河谷、沼泽地最常见的一种雾。当早晨陆地被太阳照热之后，雾很快就消失了。

平流雾▶

另一种主要的雾就是平流雾。这种雾的形成是当潮湿的暖空气流动到寒冷的表面时，受冷却，水蒸气凝结成小水滴形成的。平流雾往往在大海上空形成，当风把湿润的暖空气吹到寒冷的水面时，这就导致海雾，海雾对行船是十分危险的；海雾也可以从海岸线被风吹到大陆，尤其在陆地变冷的夜间时。当陆地受热后，雾就会蒸发掉，但如果陆地仍然像海水一样冷，雾就仍然会在陆地上存在。

霾

霭和雾是影响视线的主要原因。但能见度也受到霾的影响。霾是光线受悬浮在天空的细微尘粒的影响而散射的一种自然现象。霾使远处的目标颜色减退。例如，我们看到远处的山脉是淡蓝色；在日落时，地平线上呈现一片淡红色等都是霾的效果。

▲北冰洋的海烟

在寒冷的气候里，从无冰的水域上升的水蒸气，在空中凝结，形成可以看见的云柱。这种现象往往被误认为是海水在冒气，被称作“北冰洋的海烟”。在极地这种现象很有趣，在那里当海烟上升到头顶以上的高度后，才在干燥的空气中蒸发。

▲冰雾

气温下降到一定程度时，雾滴就会冻结成微观的冰晶在空中浮游。这种冰雾也是一种卷云，但只是发生在地表。当受到太阳照射时，这种冰晶闪闪发光，因此有人称它们为“钻石灰尘”。当阳光照射穿透冰晶时会产生像光圈之类的视觉效果。

▲雾凇

在某些状态下，云或雾滴能在水的正常结冰点以下“超常冷却”而不会结冰。当这种雾遇到像树枝等寒冷物体时，就会附在上面结冰。冰层形成一层厚厚的凝华称作“雾凇”。这种景观很好看，但使路面交通变得危险。

▲雨滴

大部分雨滴直径小于5毫米，一个雨滴所含的水量相当于100万个以上云滴，有些雨滴甚至更大，但在下降过程中，它们常相互摩擦而破裂。较小的雨滴下降速度比大的雨滴缓慢。直径小于0.5毫米的雨滴称之为毛毛雨，毛毛雨降落速度很慢，常在没有落到地表前就被蒸发掉了。

雨

形成云的小水滴相互结合组成较大的水滴，当重量达到一定程度时就会降落到地面。在高空，云中的冰晶也以相同的方式组成雪片，在降落的过程中融化成液态水。也有很多降落的水滴在到达地面之前被蒸发掉，又变成水蒸气，可能又被上升的气流带走凝结成为云。那些没有被蒸发掉的水滴又组合在一起形成重的大水滴，以雨的形式降落到地面。

雨的形成

随着空气上升，云滴受到凝结而变大，直到重量达到一定程度就开始下落。大的云滴下降速度比小的云滴快，较小的云滴漂浮在上升气流中。但云滴往往相互碰撞，而融合在一起形成越来越大的雨滴，这个过程被称为云滴的合并。云层越厚，云层的气流就越湍急，越会形成较大的云滴，当它们大到直径约0.5毫米时，开始成为雨而降落。

小云滴

当相互碰撞时，小云滴融合在一起

雨滴

雨的分类

暖雨

在温暖的气候中，会形成大的卷云。这些云中不含冰晶，因为其气温总是在0℃以上。在卷云中下降的云滴结合，又被湍流带回到云中，这样就形成大而重的热带暖雨滴。

冷雨

热带以外，绝大部分雨都是由冰晶产生，因为那里的云上部的温度总是在0℃以下。非常冷的云滴被冻结在冰晶上，使冰晶越变越大，直到重量达到一定程度而下落。在降落过程中，它们受热融合成为雨滴，这就是所谓的冷雨。

▲持续降雨

在低压天气系统中，会形成大片的层云。但这些云没有足够厚，流动也不够湍急，不会合并成大的雨滴。从层云降落的雨滴因太小，往往到达不了地面，因此一般形成不了大的降雨。但在高原地区，会有浸湿的霭的小水滴降落。不过层云会产生毛毛雨或持续数小时小雨，因为卷云延伸很远而且流动缓慢。

▲阵雨

深对流云，像浓积云和积雨云，会制造小范围强阵雨。由于深对流云深度大，对流较强，使得雨滴比层云增长得更大更重。它们有时形成短时剧烈的倾盆大雨，所到之处，引起排水沟溢水、庄稼倒伏和瞬间洪水。

冰雹▶

深厚的风暴云一般会形成大的阵雨，有时候也能产生冰雹。当云中的小水晶从高处跌落到低处时，就容易产生雹胚，并且再次进入的强烈的上升气流能够使其增长。当这种情况发生时，冰晶将水蒸气凝结在它们的表面。水层反复堆积，直到这些水晶变得非常重，它们就会形成冰雹降落到地面。

由于雨的溶蚀，只有石灰岩尖峰高耸在那里

▼消溶性的雨

所有的雨都有些轻微的酸性，因为水蒸气能够从空气中吸收二氧化碳形成弱碳酸。这些酸能够腐蚀掉石灰石和其他富含石灰的石头。由此造成了壮观的喀斯特景观，有复杂的洞穴系统和坚如岩石的尖顶，像中国南部的广西就有这种地形。同样的过程被雨深度侵蚀后形成了石灰石人行通道，如爱尔兰西部的布仁，以及墨西哥尤卡坦半岛的地下洞穴。

石灰岩完全溶解之后留下平原

雨量的测量

测量降雨量用一个叫作雨量计的工具，根据收集到水的深度，可以划分为轻度、中度、重度三个级别。每小时降水量小于0.5毫米的称为轻度降水；每小时降水量0.5～4毫米的称为中度降水；每小时降水量大于4毫米的称为重度降水。但是这种测量方法可能引起误导，因为降雨速率是经常变化的。例如，一次强降水过程也许仅5分钟，随后伴随小雨。但是如果在1小时以后检查雨量计的话，也许会认为这是一次持续时间较长的中度降水。

雪

远挂在高空的云主要由大量的冰晶组成，这些冰晶在显微镜下可以看得到。冰晶又小又轻，悬浮在上升气流中。它们能够聚在一起形成更重一些的规则六边形雪花。当雪花落到地面上时，往往就化掉了，但是如果气温足够低，它们将以雪的形式落到地面上。在温度非常低的情况下雪花能够单独存在，但是通常它们分别融化后堆积到一起，形成大块的绒毛状冰晶降落到地面上，这就是我们通常所说的雪。

▲光滑的雪

如果雪一直保持彻底的冻结和干燥状态的话，便不是光滑的。但是当脚或者用滑雪橇压在上面时，雪就会融化，光滑效应也就产生了。这就在人和雪的接触面形成了水薄膜，起润滑剂（像油一样）的作用，易于滑雪橇在雪上滑行。

雪花

在显微镜下可以看到，高空的云里形成的冰晶是六边形的冰。云里还有过冷的水滴，这些水滴的温度低于正常的结冰温度。当这些冰晶和水滴相遇时，这些过冷的水滴就会结冰，并将冰晶连接在一起，形成了对称的六边形雪花。由于冰晶聚集到一起是完全随机的，所以没有任何两片雪花完全相同。

▼干雪

在非常低的温度下，尤其是在空气湿度较小的地区，在云中形成的六边形小雪花以雪粒的形式单独降落下来。这些雪非常冷，温度低于冰点。由于它们的里面和外边的水分都是固态的，粘不到一起。这些雪就像灰尘一样，很容易被风堆积和吹起，就像下面这个南极洲的图片所示。

◀湿雪

当温度接近冰点时，降落的雪花被一层很薄的水膜所覆盖。这层薄膜就像胶水一样，将它们粘在一起，形成蓬松的大块湿雪。这种类型的雪在一定的压力下很容易融化并重新结冻，于是湿雪较之于干雪更加光滑和危险。

◀冻雨，雨夹雪

如果气温刚好在冰点以上，雪能够在降落的时候部分融化。这就形成了一个湿雪和雨的混合物，有时称为冻雨或者雨夹雪。冻雨这个词有时也用来描述相对柔软的小冰球，这些小冰球是当融化的雪花或者雨滴途经冷空气时再次冻结形成的。

◀雪盖

一旦雪降落到地上，它将很难融化。降落到地面上的积雪形成一个白色的反光层，并且阻止太阳辐射给地下加热。同时，冷的地面又助于阻止积雪融化。但是因为雪中含有大量的空气，所以它也是一个很好的绝缘体。这就是为什么一个冰屋里面十分温暖，即使它是由冰冷的雪所组成的。

◀雪堆

在大风雪天气中，强大的风能够将雪堆起，将它们吹得到处都是。尤其是在一个非常冷的环境下，因为这时候雪是由疏松干燥的雪粉组成的。当风从雪堆上方吹过或者是沿着一个障碍物吹时，会在另一边减速。雪降落在地面上，形成很深的雪堆，能够埋住房屋、道路和铁路。

▲雪崩

在山区，降雪和大风雪能够在山坡上堆起很厚的雪层。随着积雪的加深和变重，它将变得越来越不稳固，如果山坡足够陡，雪堆最终会沿着山坡往下滑，发生雪崩。因为下滑的积雪经常席卷着冰块和石头，所以雪崩的破坏性很大。除非在 30 分钟内得到救护，否则任何人被雪崩掩埋后都不能生还。

天空中的光

白色太阳光是所有颜色的光谱混合物，其中每种光都具有不同的波长。当太阳光穿过雨滴或者冰晶时光线会发生弯曲，不同的波长被分开，形成了色彩斑斓的视觉效应，像彩虹和晕。光被空气中的尘埃颗粒散射的方式是相似的，形成了日出日落鲜艳的色彩。当光线穿过非常冷或者非常热的空气时，也会弯曲，形成海市蜃楼。

▲曙暮光

我们经常会看到太阳光线从云的缝隙或者云的边缘射出来。它们从太阳直接辐射而来，被一些阴影带所分离。它们就是通常说的曙暮光，当它们最引人注目的时候，经常是淡红色的。这些光线在一天的任何时候都会发生，从天空中部向下辐射，或者在日出日落时刻向上辐射。

彩虹效应

雨虹

当太阳光穿过雨时，能够被分离成一个从红色到紫色的彩色波谱。这种效应形成的光谱是圆形的，但是我们只能看到它们的上半部分。在天空中形成了拱形的雨虹，它的中心与太阳方向相反。如果所有颜色的光谱都被反射两次，可能会有一个较淡的雨虹（霓）出现在第一道虹的外围。

雾虹

形成雾的小云滴非常小，不能将太阳光分离成清晰的可见光谱。取而代之的是，它们能将太阳光集中成一条白带，和雨虹的形状是一样的。有时候这些雾虹带有淡蓝色或者红色的边缘。它们经常形成于低处的海雾中，并且上边有明亮的阳光。上图所示，是西伯利亚北部冰冷的北冰洋上方。

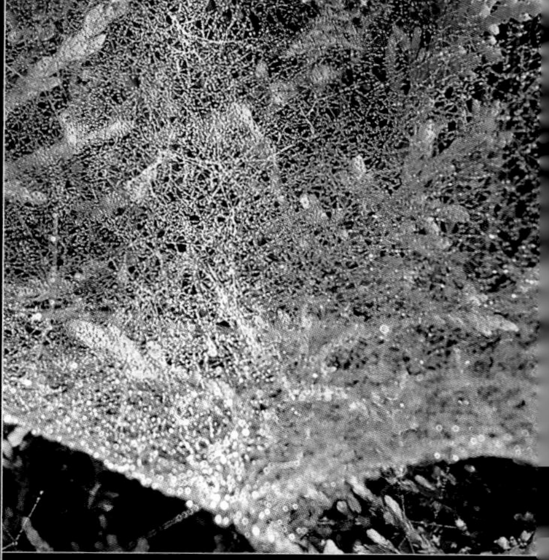

露虹

露滴能够制造一个雨虹效应，尤其是在秋天，当草上的露珠被蜘蛛网覆盖的时候。尽管一次只能看见弓形的一小部分，但是还是将这种现象称为露虹。这里光线被露珠折射，在蜘蛛网上形成一个非常小的露虹，比人的手指都小。

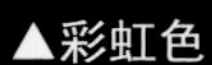

▲日冕

当我们通过稀薄的云层来看太阳或月亮的时候，它们经常看起来好像被一条彩色的光环围绕着。这个光环就叫日冕。这是由于光线被云中的颗粒物折射或者衍射形成的。这些衍射光互相干涉，形成干涉波，这就是我们看到的各种色彩。我们观看月亮周围出现日冕的情况要比太阳周围多，这是由于太阳光太耀眼了，用眼观察很费力。

▲彩虹色

衍射形成的日冕，也能够在薄而高的云层制造彩色效应，这些衍射光看起来距离太阳或者月亮非常近。每种颜色都是由特定尺寸的小云滴或者冰晶中产生的。这个效应看起来就像是浮在水面上的油滴薄膜的彩虹色，通常称为彩虹色。我们平时都不太留意彩虹色，因为太阳本身非常亮，但是彩虹色的确是非常漂亮的。

▲（日月周围的）晕

在显微镜下可看到空气中的冰晶，这些冰晶使太阳光线折射和分离，形成白色或者多种颜色的光环。如果天空中有广阔的、薄的、高的冰冷的云，如卷层云或者是薄的高层云，可能在太阳周围出现晕。但是它们也会发生在贴近地面的地方，在温度非常低的情况下，冰晶悬挂在低空中，在这种情形下，只有光环的上部能够看到，于是这些低空的晕有时候被称为冰虹。

海市蜃楼

光线穿过温度和密度不同的空气时会发生折射。这就会造成一些事物的影像出现在事实上不可能出现的地方，例如在炎热的沙漠中发生的海市蜃楼现象。贴近沙子上面的空气层经常是非常热的，但是再往上会凉一些。光线通过这些冷热不同的空气时，发生折射，使天空或远处的物体看起来比实际要低。它们看起来就像是水中的倒影，如上图所示的非洲西南部的纳米比沙漠。在夏季炎热的道路上也会发生同样的效果。

▼蒙影光弧

当日出或日落的时候，太阳光以较低的角度穿过大量相对密集的空气。由于空气散射所有的蓝光，所以这时候太阳看起来是红色的。太阳的形状经常被扭曲成平的波状的椭圆形。日落以后，天空被从黄和红到深蓝这一系列的灿烂的颜色照亮。

移动天气系统

中纬度地区，如北欧、美国北部和新西兰等，经常被一些低气压系统所控制，这些系统从西向东移动，带来云、强风和降雨。当低气压从上空移动时，它的显著特点是气压和风向发生改变，以及出现一连串不同的云。你可以通过观察云和风的改变来观察这个系统，如果可能的话，还可以利用一个气压计来测定当时的气压。

一个低气压系统▶

低气压中心是大块的暖空气。当它向东移动的时候，暖空气的前缘爬过冷空气形成暖锋的小斜坡。更多的冷空气在后面跟随，推动暖空气上升，形成一个陡峭的锋。移动的锋经过时，会形成不同的云，从这些云的不同形状就能看出锋的类型。低气压经常从西向东移动（在图中就是从左往右）。如果这种天气系统从头顶经过，人们经历的第一件事就是移来的暖锋。

⑥冷区

当冷锋上方的深云向东移动时，冷区的天空非常清澈。冷锋后面可能会有积云、积雨云和阵雨，但是最终雨云会过去，太阳会出来，将泥泞地晒干。

⑤冷锋

随着冷锋的经过，气压上升，变成西北风（在北半球）或者西南风（在南半球）。暖区湿润的空气被冷锋向上推，经常会形成一条深积雨云和强阵雨的带。

④暖区

随着暖锋的经过，风速变大，并且风向发生改变，变成西风。雨通常会减弱，云基上升一些。太阳经常会藏在大片灰色的层云里，总而言之，雨停了，尤其是在靠近低气压中心的地方。

锢囚锋

如果冷锋追上暖锋，暖空气从地面被抬升，便形成锢囚锋。如果暖空气堆积的足够快，它包含的水蒸气可能会凝结，形成高耸的塔状云，制造短暂的大雨。但是这种现象并不常发生。

从人造卫星观看▶

这个假彩色图像显示了北大西洋上方的一个低气压系统，就像通过气象卫星从空间看到的一样。低云用黄色和红色表示，高云用白色表示。黑色面积表示几乎没有云的区域。这个卫星图像中紧凑的螺旋形云就是由锢囚锋造成的，这表明低气压正在接近它的最后阶段。

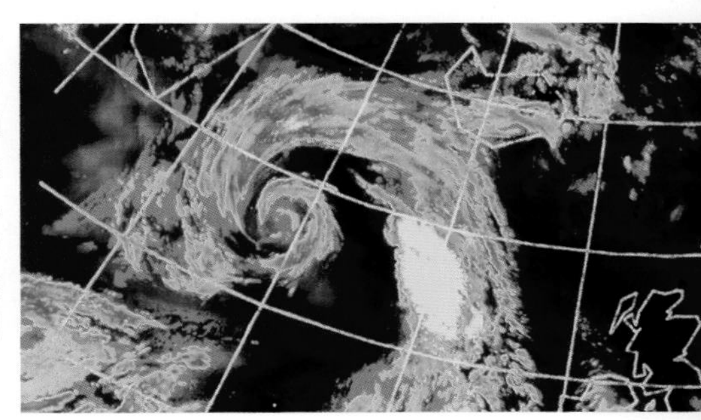

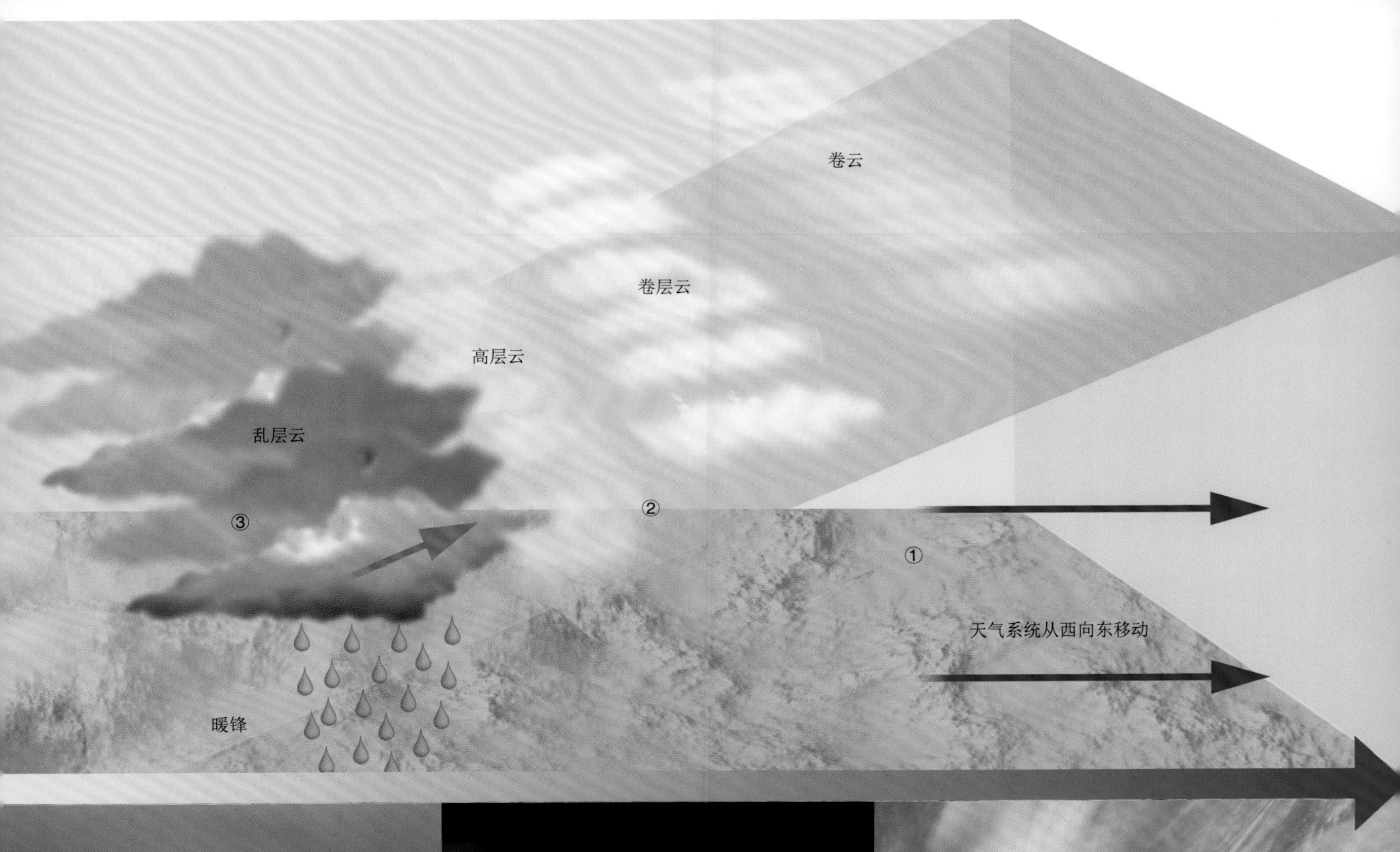

③暖锋

随着锋的前进，云基变得越来越低。高海拔的卷云变成大片的卷层云，然后加厚，变成低一点的高层云。当暖锋在头顶缓慢向前移动的时候，低的高层云逐渐堆积，变成密度更大的灰色乱层云，并且造成稳定地降雨，降雨能够持续几个小时。

②风的改变

风的方向随着低气压的经过而发生变化。在暖锋到达以前，并不吹西风，一般在南半球吹南风，在北半球吹北风，并且风速随着气压的下降而增加。

①接近暖锋

大块暖湿的空气，滑升到冷空气上方，形成暖锋。暖空气中的水汽凝结到云里去，首先会形成小束状的、高海拔的卷云，大概比锋本身出现约早 12 个小时。当这些暖而轻的空气移到头顶时候，气压便开始下降。

风暴云和冰雹

暴雨从巨大的积雨云中降落，这些积雨云悬挂在 15 千米的高空。这些巨大的风暴云是独一无二的，再也没有其他类型的云像它这么大。它们包含了强大的气流，能够带来很大的局地风。积雨云中的冰晶在风的带动下上下移动，形成冰雹，并且产生静电，形成闪电。积雨云还能够带来旋涡和上升气流，甚至可能发展成为龙卷。于是，当积雨云出现时，往往会带来剧烈的天气变化。

黑暗威胁▶

热量和湿度能够为积雨云增加动力。积雨云从空气中吸收大量的水蒸气，将这些水蒸气转化成更密集的云滴和冰晶。这些云滴和冰晶能够反射光，于是当云被太阳照射时，变得非常耀眼。积雨云在温暖湿润的夏季容易形成，从积雨云底下看起来，非常黑暗和危险，在炎热的气候条件下，有时候会爆发雷暴天气。

◀云的建立

当温暖、湿润的空气上升时，体积膨胀而后温度降低。这就使得空气中一些水蒸气凝结形成云滴。冷凝释放的能量会加热云中的空气，使其翻腾。随着空气继续上升，以上整个过程重复进行。如果条件合适，能够形成一个可以发生到对流层顶部的积雨云。在积雨云的顶部，水滴凝结形成冰晶向边缘蔓延。

◀湍流的空气

积雨云里面的空气流动非常湍急，靠近云的中心，暖空气的向上气流能够达到每小时 160 千米的速度或者更高。同时，降雨和冰雹形成了强大的下沉气流，从云的基部涌出。在地表，这些冷的下沉气流引起强烈的风，经常领先于暴风雨。在空气上方，垂直气流制造了湍流，当飞机航行通过这样的强风暴雨区域的时候，旅客会有切身体会的。

◀**倾盆大雨**

大部分云存在的时间并不长，但是积雨云可能会在 1 小时或者 1 小时以上发展到它的最大高度。于是云里面大量的水汽开始冲破上升气流的束缚，云滴开始下降和积聚，形成雨滴。最终，大的阵雨降落。在一次倾盆大雨中，能够释放近 275 000 吨水，足以引起一次暴洪，如上图所示。

从左图这个被切成两半的巨型冰雹的剖面，可以看出它的层状结构

层状结构是由一层层的水凝结在冰雹外面而形成的

◀**冰雹**

积雨云的底部是由很多雨滴组成的，而它的顶部是由冰晶组成，这些冰晶经常会降落到云底部，水汽冻结在这些冰晶的上边，随后被强大的上升气流带回云层。这种情况能发生好多次，在冰层外面也就形成了很多层。最终，冰晶变得很重，冲破上升气流的浮力降落到地面上，形成冰雹。

巨型冰雹

一般来说，冰雹跟豌豆大小差不多。但是在世界上的某些地区，比如美国的中西部，冰雹能够比柑橘还要大。这些巨型冰雹形成于非常大的能够造成龙卷的风暴云。这些云里的上升气流非常强大，所以它能够携带和托举这么大的冰雹，直到它们外侧积聚很多冰层，像一个棒球那么重的时候，这些冰雹就会像石块一样从空中降落，毁坏庄稼和打碎玻璃。

多单体和飑线▶

积雨云有时候会形成一组，按顺序生长和崩溃。这就是我们通常说的多单体风暴。冷锋有时候会切入暖湿空气的下边，并将暖湿气流抬升，形成一个积雨云的条带，称作一条飑线。这些云都会带来持续几个小时的大面积的狂风、强降雨和闪电。

雷和闪电

在积雨云里边，很多力在起着作用。垂直气流使小水滴、冰晶和冰雹上下翻转，从而产生静电。这些云像被充足了电的电池，电压很高，产生巨大的火花在云和地面间跳跃，这就是闪电。闪电产生的高温作用力非常强，它所经之处空气体积迅速膨胀甚至爆炸，这就是我们听到的隆隆雷声。

▼电击

空气是一种优良的绝缘体，于是它需要巨大的电压才能突破自身的电阻。这种情况发生时，就会形成通向地面的“Z”字形闪电。当一个先导闪击接触到某个高点（如树）的时候，将会产生更亮的闪电火花，也就是我们通常说的回击。经常在一秒内产生几个火花，所以我们平时看到的闪电是一闪一闪的。

充电

在一个风暴云中，当小冰粒彼此相遇时，它们得到或失去电子。由于所有的电子都是带负电荷的，于是失去电子的小冰粒获得一个正电荷，得到电子的获得一个负电荷。带有正电荷的颗粒向云顶积聚；带有负电荷的颗粒经常是又大又沉，大部分积聚在云底。

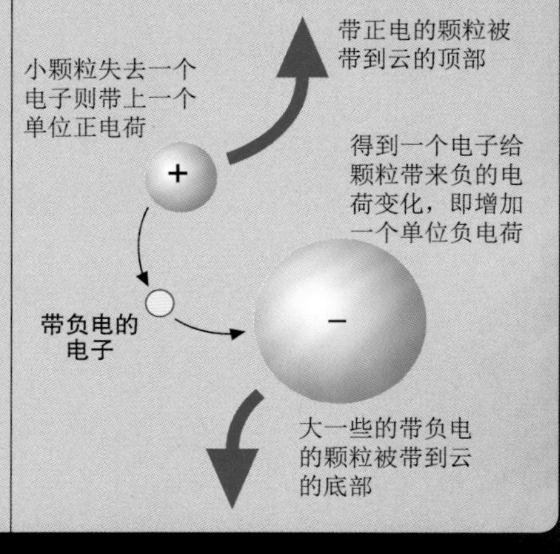
带正电的颗粒被带到云的顶部
小颗粒失去一个电子则带上一个单位正电荷
+
得到一个电子给颗粒带来负的电荷变化，即增加一个单位负电荷
带负电的电子
–
大一些的带负电的颗粒被带到云的底部

高电压▶

积雨云顶部带有正电的冰晶，与积雨云底部带有负电的水滴之间的正负电荷差异，就是通常说的电势差，即电压。用伏特来测量表述的话，就像电池中电势差一样，在云的顶部电压可能达到1亿伏或者更高。由于云的底部带有负电荷，那么它对应的地表成了正电压，如果电压达到每米1万伏，空气中的电阻可能会被冲破，这些能量就会以闪电的形式释放出来。

▲火花和灼烧

被闪电击中产生的高温破坏性非常大。如果它击中一棵树，会立即在树上灼烧出一道很深的伤疤，从外向里，这个伤疤由树皮延伸到里边的木材；从上到下，由闪电击中之处一直延伸到地表。闪击经常会引发野火，火势会席卷干旱草地和灌木丛。闪击能将建筑物烧成灰烬，尤其对于由木料制造的建筑物而言，破坏性就更大了，除非它们被电的绝缘体保护。闪电也能够融化沙漠中的沙子，将其融成玻璃，形成多枝状的硅石管。

熔岩是由沙子构成的，沙子融化形成玻璃状的硅石管

金属杆将闪电安全地引到地面上

避雷导线

闪电能够被金属物体所吸引，因为金属是优良的电导体。如果在建筑物的最高处安放一个金属杆，将这个金属杆用粗金属线与大地相连，它就能够将闪电中的能量安全直接地输送到大地。这就阻止了闪电本身自然选择一些阻抗更大的路径，将它们过度加热从而将其毁坏，比如木材、石或砖的建筑。避雷针是美国科学家和政治家本杰明·富兰克林发明的，他曾经参与美国《独立宣言》的起草。在避雷针广泛应用之前，教堂等比较高的建筑物经常被闪电损坏。

▲雷

闪电中巨大的电压能够在几千分之一秒内将沿途空气加热到约 30 000℃。这就使得闪电所经之处空气爆发性膨胀，引起声音很大的震动波，这就是我们通常说的雷声。雷声经常会在闪电之后听到，这是因为声音的传播速度要比光慢得多。

其他类型的闪电

云间闪电

由于云的一端与另一端都带有电荷，所以闪电可以在云内发生，也可以在云间发生，这就是我们通常说的云间闪电，即云闪。如片状闪电，它能够将云内照亮，或者穿越雷雨云的基部，以可以看见的电火花敲击的样子出现。

球状闪电

球状闪电是一种非常罕见的闪电形状，也能够带来一些奇怪的影响。它是一个火球，越过地面 2 米高。它从雷雨云下来，与闪电敲击同时出现，或者是紧随其后。同其他的闪电不同的是，球状闪电能够持续几秒钟，并且有些时候能够进入建筑物。

热带风暴▶

在赤道辐合带，大量的水汽从洋面蒸发上升进入空气中，形成雷雨云。在热带的一些地方，几乎天天形成雷雨云：比如爪哇的一些地区，一年中有 300 天有雷雨云。从右边这个卫星影像上可以看出，赤道辐合带有一个显著的特点，一个雷雨云的条带环绕在印度尼西亚和几内亚的上空。

风暴云中强大的气流能够产生最恐怖的天气现象之一——旋转的上升空气柱，通常被称为“龙卷”。强烈的龙卷比任何飓风都要强烈，它产生的风速是记录中最高的。龙卷能够将建筑物撕成碎片，将树木连根拔起，将汽车毫不费力地抛到空中。与飓风相比较，一定时间内龙卷影响的区域较小，但是它能够穿越一个很长的地带，所经之处留下一个长长的破坏痕迹。

加拿大
美国
墨西哥湾

受龙卷影响的区域　龙卷走廊

龙卷能够袭击任何地方，但是它们经常是比较微弱的。大部分较强烈的龙卷发生在美国，美国每年都要经受约1200次龙卷的袭击。大部分龙卷发生在春季和初夏，发生于美国中西部那些被大草原所覆盖的州，这些区域被称为“龙卷走廊”。这里大部分湿润的热带气流从墨西哥湾向北移动，与来自加拿大向南移动的干燥的极地气流相遇，形成了能够引起龙卷的深厚的风暴云。

龙卷的诞生

危险的云

快速上升的暖空气携带着大量水汽。这些空气上升膨胀后冷却，浓缩形成浓厚的积雨云。

一个漏斗状窗体

上升的空气柱开始旋转。暗云呈漏斗状向下延伸。空气急冲地面，将灰尘和碎片随之卷起。

龙卷

这个黑暗的漏斗云向下延伸到达地面，形成了一个完整的龙卷。它可以持续几分钟到一个小时或者更长的时间。

▼旋转的空气

如果云中的空气开始旋转的话，一次龙卷可能会从一个雷暴积雨云的底部发展而来。这种旋转的风暴云被称为超级单体。高空的风与地面风方向不同有助于启动上升气流旋转。通常，龙卷会从云层向下延伸到地面。

▲上升旋涡

在龙卷内部，气压非常低，就像一个巨大的真空吸尘器，它非常有力量，能够将屋顶掀起和撕碎，并将里面的东西吸入空气中。狂风猛烈地旋转入上升的空气柱中——在1999年的俄克拉荷马州龙卷事件中，龙卷风速的最高纪录达每小时512千米，而在一次飓风中最大风速仅每小时300千米。

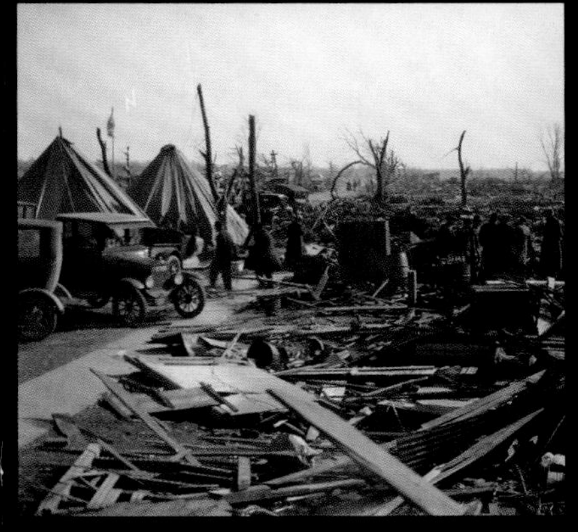

▲横穿三个州的龙卷

单个的龙卷并不能够持续长久的，但是它们的母云还能够产生其他龙卷。多龙卷系统可能持续几个小时，引起大范围的破坏。最严重的一次记录是发生在 1925 年 3 月 18 日的“三州龙卷”，它穿过密苏里州、伊利诺伊州和印第安纳州，留下了一条长达 352 千米的毁坏痕迹，造成 695 人死亡。

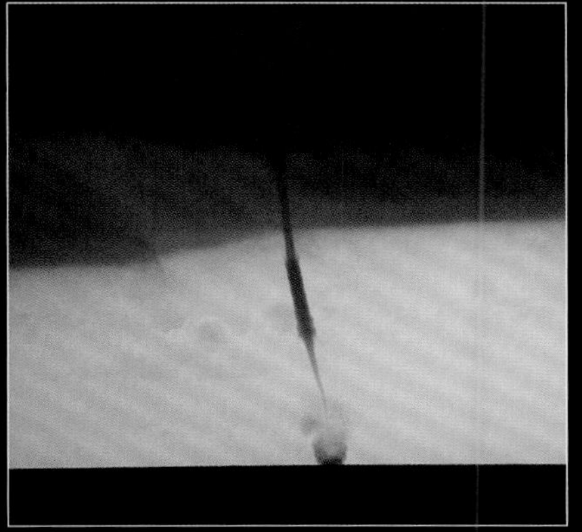

▲水龙卷

旋转上升的暖空气柱也能够在海洋或者是比较大的湖泊上空产生，尤其是在热带和亚热带地区，这就是通常说的水龙卷，它能够将海水吸入旋涡气柱。一般来说，海上龙卷比陆地龙卷要弱一些，但是先前卷入的大量水崩溃和释放的时候，也能造成不小的破坏，如颠覆船舶或将其损坏等。

尘卷风

在炎热的沙漠，地表的高温形成了很小的上升暖气流。这些气流可能会迫使沙子和灰尘卷入类似龙卷的空气柱中，这就是通常说的尘卷风。大部分的尘卷风最大高度能达到 30 米，少数还会达到这个高度的 3 ～ 10 倍。尘卷风通常会持续几分钟，因为冷空气会吸入这个上升旋涡的底部，能够使尘卷风的地表降温，从而切断它的能量供应。

超级单体雷暴能够迅速地发展成龙卷

装载高科技监控设备的面包车正在调查风暴

风暴追逐者▶

有些人喜欢到户外去看大的雷暴和龙卷。他们录像和拍照，仅仅是为了享受如此大的天气事件发生时的兴奋心情。大部分风暴追逐者是狂热的业余爱好者，但是随着他们看到的越多，他们知道的也就越多。他们搜集到的资料现在能帮助科学家们更好地了解龙卷和其他的强烈风暴。

藤田分级▶

在 20 世纪 70 年代早期，藤田研发了一个衡量像龙卷这样高风速风的标准，藤田分类标准对龙卷的分类可见右面的图片。由于准确的风速测量很难，所以藤田分类标准中给出的不同的风速等级仅仅是一种估计。

F0	F1	F2	F3	F4	F5
每小时 64 ～ 116 千米	每小时 117 ～ 180 千米	每小时 181 ～ 252 千米	每小时 253 ～ 330 千米	每小时 331 ～ 417 千米	每小时 418 ～ 512 千米
轻度破坏	**中度损坏**	**较严重的破坏**	**严重损坏**	**毁灭性破坏**	**极度破坏**
损坏烟囱；刮断树枝；拔起浅根树木；损坏路标。	掀起屋顶砖瓦；刮跑或掀翻移动住房；行驶的汽车被刮离路面。	撕碎木屋屋顶，摧毁活动住房；掀翻火车车厢；连根拔起大树；空中轻物狂飞；汽车被卷离地。	砖房的屋顶和墙壁被吹走，倾覆火车，森林中的大部分树木被连根拔起；将重型汽车从地面上抬起并掀翻。	砖房屋被夷为平地；基础不牢固的建筑物被刮倒刮走；空中大的物件横飞；卡车被掀翻。	坚固的木质房屋从地基上被刮走；汽车和其他的大物体被吹到 100 米以外的地方；树皮从树上被剥下来，出现难以置信的现象。

飓风

飓风是一种强烈的、毁灭性的热带风暴，也被称为台风或热带气旋。台风中心的气压很低，这个低压由来自海洋的暖湿上升气流产生。飓风能够达到 500 千米宽，产生每小时 300 千米的风速。飓风通常产生于海洋上空，所经之地无论是岛屿还是海岸地带，都会造成很大的毁坏。科学家给每个飓风从“A”到“W”都命了名。

▲海上风暴

飓风通常形成于温暖的热带海洋地区，在这里有大量的水蒸发上升变成水蒸气进入空气中。最终水蒸气凝结形成巨大的积雨云。这个过程形成了一个低压区域。在较低处，空气旋转进入低压区域，然后螺旋形上升，形成了风暴中心，使得云在中心顶部旋转。

飓风内部▶

飓风的中心很平静，其中有一个气压很低的核。飓风核和周围空气间存在很陡的气压梯度，使得风和云都向飓风中心为螺旋形吹进，云墙越来越高，风速越来越大。飓风眼周围强烈的上升气流造成了最高的云，这种云能够形成暴雨。它的顶部是高卷云，高空气流与低处的风向相反的方向溢出。

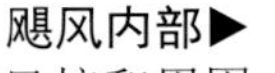

高层气流
向外旋转
最强的风在“风
暴眼”附近旋转
低层气流
旋转进入
风暴内部

◀飓风区

飓风区能够在海温高于 27℃的地区形成。如果它们移经较冷海域，就会消失。但是它们仍然需要科里奥利效应使它们旋转，在赤道中没有科里奥利效应，于是主要的飓风区分布在赤道南部或北部 5°～ 20°范围内。在这些区域，飓风向西移动，直到被陆地拦截。2005 年卫星影像上（左图）可以看到飓风“威尔玛”移动穿过加勒比海。

◀风暴跟踪

飓风主要的发生季节是在夏末，因为这时候海洋比较温暖。每一个风暴都远离赤道向西漂移，直到遇到陆地就会突然转向。左边这张地图展示了飓风“威尔玛”的路径。它形成于牙买加南部，并且向西北移动，在墨西哥着陆，向东北转向佛罗里达方向，最终消失在寒冷的北大西洋。

风暴潮

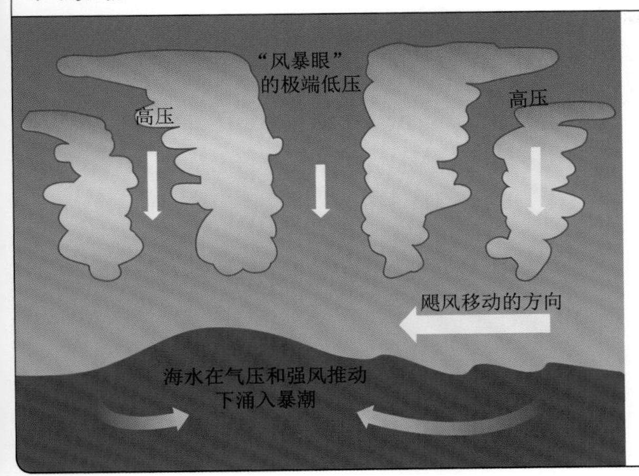

由于飓风眼中心存在极端低压，周围的高压和风会把海水推向暴风雨中心。这就使得海平面上升几米，形成了一个风暴潮，它向暴风雨中心继续推进。如果飓风朝向陆地移动，风暴潮堆积在暴风雨前边的浅海水域，能够制造约 10 米高的海浪。这堵水墙能够席卷低海拔的小岛或海岸线，或者冲毁沿海城市。

飓风“卡特里娜”将新奥尔良的这栋房子从它的地基上吹倒

▲风和雨

尽管飓风在海洋上力量是最强大的，但是当它们遇到陆地的时候才会达到最强的破坏性。风和雨同时发生，造成巨大的损害，将建筑物夷平，暴发洪水，甚至席卷整个社区。萨菲尔－辛普森飓风等级中，第五级是飓风的最高级别。飓风“威尔玛”就是一个五级飓风，当它撞击到墨西哥海岸的时候减弱为四级。

洪水▶

由飓风引起的大部分毁坏，是由于风暴潮造成的。美国南部的新奥尔良的大部分地区实际上海拔是低于海平面的，它由防洪堤坝保护着。2005 年 8 月底，当飓风“卡特里娜”袭来时，在风暴潮的压力下，堤坝被冲毁，城市的大部分地区被洪水淹没，造成 1000 多人死亡。

致命的泥石流▶

在热带雨林被砍伐的地区，飓风的破坏性更加强大。树木能够涵养水源和保持水土，如果树木被移走，洪水将会淹没该地区，这会比风的破坏力更大。在 1998 年，飓风“米奇”给美国中部倾泻了 127 厘米的雨水。这次洪水引发多处泥石流，如右图所示。尼加拉瓜西北部的这次泥石流造成 11 000 多人死亡。

季风

当季节变化时，地球上得到最多光照的地区从北回归线到南回归线发生周期性的变化，这就使得气候系统也随之由北向南移动。跟大范围的冬夏季节盛行风相反的就是季风，季风会带来干或湿的空气，常发生于印度和东南亚地区。

人们抓住一根绳子穿过被洪水淹没的孟买街道

▲季风洪水

在季风气候下，几个月的干季之后常会突然又有几个月的大雨。生活在南亚的人们依靠降雨来减轻干旱，并且将烤干的土壤变成肥沃的田地。如果湿季风来得较晚，这一季的庄稼将会颗粒无收。但暴雨也能够导致灾难性的洪水，就像 2005 年 7 月的那次大暴雨，将孟买变成灾区。

随季节移动▶

赤道辐合带是一个经常出现低气压、云和雷暴的区域。在右图的卫星影像中可以看到，它的位置由一个云带标出，穿越印度洋从印度尼西亚到非洲。随着季节的变化，赤道辐合带的位置从赤道北部移到赤道南部。夏季当它在亚洲南部向北移动的时候，会引起一个季节性的风向变化，或者说是季风。

印度季风

湿季风

在北半球的夏季，亚洲大陆升温，暖空气上升到印度北部区域上空。这将赤道辐合带吸引到北部，在喜马拉雅山上空形成了一个低压区。南部从印度洋来的温暖、湿润的空气受低压影响向北驱动。在印度湿季风（季风湿季）期间，带来多云和倾盆大雨。

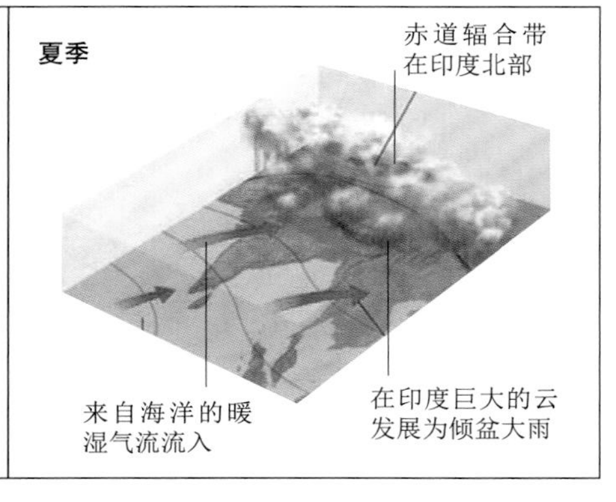
夏季
赤道辐合带在印度北部
来自海洋的暖湿气流流入
在印度巨大的云发展为倾盆大雨

干季风

在北半球的冬季，印度洋比亚洲大陆温暖，赤道辐合带向南移动，如上图的卫星影像所示。赤道辐合带的低气压区从西藏南部带来凉爽、干燥的空气，输送到印度。于是风吹向相反的方向，造成了干旱季风的漫长干旱。

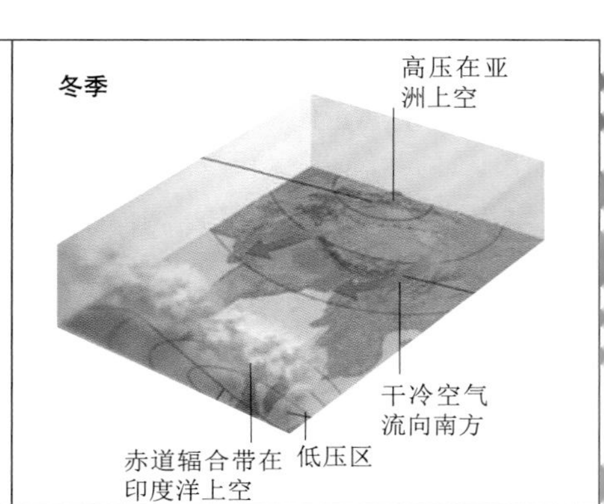
冬季
高压在亚洲上空
干冷空气流向南方
赤道辐合带在印度洋上空
低压区

▲季风森林

亚洲季风区季节性的风向变化对大面积地区产生影响，向东从印度和巴基斯坦，穿过亚洲东南部，中国南部和日本，到达澳大利亚北部。这种气候格局形成了一个栖息地——季风森林，印度虎的家乡。在湿季风期同热带雨林有着相似的气候，但是树木和其他植物已经适应在干季长久的干旱环境中生存。

▲开花的沙漠

季风区季节性的风向变化在世界各地的热带附近都有发生。它们甚至能够影响墨西哥北部沙漠中的仙人掌。比如，索诺拉沙漠一年中的大部分时间都非常干旱，但是从7月到9月中旬，夏季风带来了湿润的热带空气和频繁的雷暴天气。这种降雨会使沙漠中的植物开花，给多刺的仙人掌一个吸吮大量水分供给生命的机会。

撒哈拉沙漠的尘土

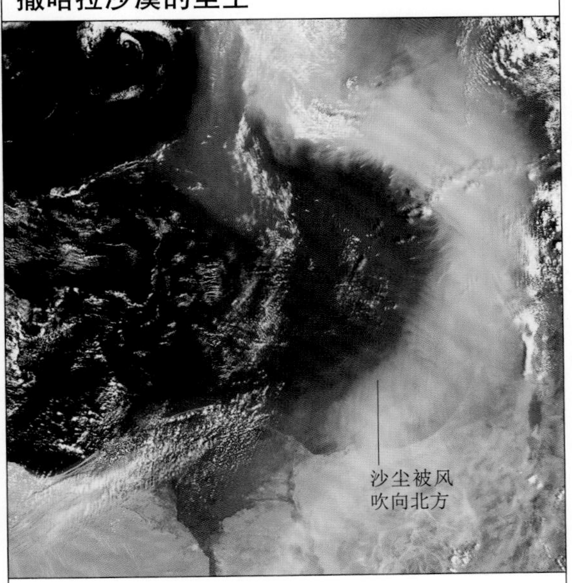

季节风也会影响到地中海地区，春季形成的低压天气系统，将沙漠空气从撒哈拉向北驱赶，形成了炎热、干旱的风，就是通常说的非洲热风。这些风经常带来微红的沙漠沙尘，如上图卫星影像中可以看到在埃及北部的非洲热风。风携带着地中海的水汽，可能会以红雨的形式将这些水汽和灰尘降落在欧洲。与之相似的沙漠风还有在西班牙的累韦切风和在撒哈拉大陆南部干燥的哈麦丹风。

干湿季▶

在12月份，赤道辐合带移过东非的瑟伦格蒂草地，带来大雨和强烈的雷暴。降雨使得牧草开始生长。但是在6月份，当赤道辐合带开始向北移动时，降雨停止，一个漫长的干季开始了。在干季牧草停止生长，迫使食草野生动物为了寻找食物，开始它们漫长的旅行或迁徙。

局地风

在世界的一些地区，因为不同的地理景观和海陆分布状况的影响而产生局地风。有的风一天到晚都在吹，有的风仅在一天中的某一时刻吹。局地风的产生是由于上升的暖湿气流和下降的冷干气流的不同组合，以及气压的不同而造成的。这些风能够在小区域形成显著不同的气候特点，尤其是在山区。

▲极地风

大西洋和格陵兰岛被巨大的冰原所覆盖，大冰原中部的冰要比边缘厚。这样整个大冰原就形成了一个屋顶形状，越临近屋顶的边缘就越是陡峭。这些冰表面的空气很冷，空气的密度很大。这些密度大的冷空气向海岸涌流，以极地下降风的形式向下沉，能够达到暴风雨的力量。如果这些风卷起雪粒，就会形成严寒的暴风雪天气。也正是由于这些风的存在，使得南极勘探非常困难和危险。

夜晚，高处降温快
密度大的冷空气沿山坡往下流
风从海洋吹向陆地
风从陆地吹向海洋

海风和陆风

白天

在阳光充足的白天，陆地表面加热比海洋快，温暖的陆地将其表面的空气加热，空气受热后上升。这就将海洋表面的凉爽空气以海风的形式吹过来。陆地表面空气上升后冷却，在较高的地方移到海洋上空下沉，从而取代海洋低空流入陆地的空气。

夜晚

在夜间，环流正好与白天相反，陆地比海洋热量损失速度快。陆地冷却下来后，使其表面的空气降温。陆地表面较冷的空气下沉流入海洋，形成陆地风，填充从相对温暖的海洋表面上升流向陆地高空的那些空气。

下降风▶

在山区，比较高的地面夜间热量损失快。于是，这些较高地方的空气冷却密度变大，沿着山体下降，形成下降风。较冷空气在下降过程中逐渐增温，或者是取代下面谷地的温暖空气，形成一个霜池或雾池。下降风有时候风力非常大。在陡峭的斯堪的纳维亚海湾，这种空气输送是很危险的，有时候它们几乎是垂直吹向谷底的湖面或洋面。

被太阳晒热的岩石比山谷的地面要热

◀**上坡风**

在山区，由于山谷的边缘比谷底得到更多的太阳辐射，因此，在白天它得到的太阳的热量更多，上空的空气比较热。这些暖空气加热后上升，于是山谷底部的冷空气就沿着斜坡向上流动，取代这些暖空气的位置。这样就形成了一个轻微的风或者是气流的上升，即上坡风。这与下坡的下降风方向正好相反，它通常发生于晚上。

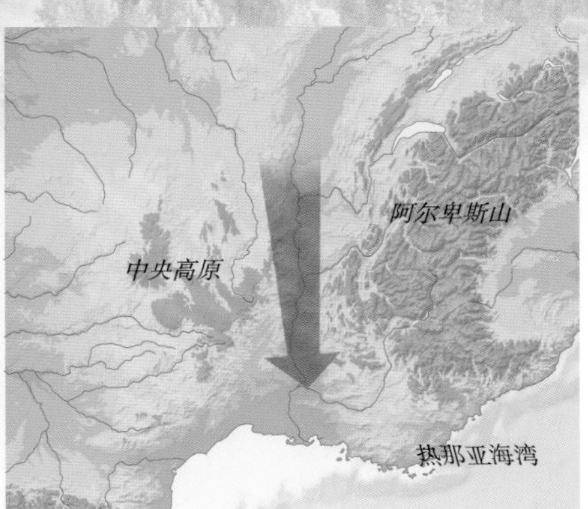
阿尔卑斯山
中央高原
热那亚海湾

◀**山谷风**

山谷能够使空气流呈漏斗状，将其集中成强有力的风。最声名狼藉的风之一便是寒冷西北风（密史脱拉风），它沿着法国南部的阿尔卑斯山和中央高原之间的罗讷河谷向下吹。这个风被热那亚海湾的低气压系统向南吸引，尤其是在冬季，被发生在较高山谷的下降风推动。

焚风效应▼

当湿润的空气沿着一个长山脉的一侧向上爬升的时候，慢慢冷却，里面的水汽凝结，形成云或者雨。通常雨在山脊的迎风坡降落。一旦气流越过山顶，它就会跑到山脊另一边，在下降过程中逐渐变暖。由于空气现在是干的，下降过程中增温非常快。这样就形成了又暖又干的风，如阿尔卑斯山的焚风或美国洛基山脉东部的切努克风。我们把这种现象叫作焚风效应。

湿空气爬升时缓慢降温，形成云
干空气下降时迅速升温

海洋风

在陆地表面吹的风，由于陆地表面的摩擦作用，风速减小。在海洋表面吹的风，相对来说摩擦作用较小，因为水的表面比陆地表面光滑。一般来说，海洋风比陆地风要强大。在南部的海洋地区，由于没有陆地减弱风速，不停的积聚力量甚至达到接近飓风的强度，于是它号叫着在南极吹的时候，能够将高空的信天翁吹到很远的地方。

洪水和干旱

暴雨或极大的热量能够对自然景观产生戏剧性的影响。洪水和泥石流所经之处，能够毁坏任何东西；干旱的危害也不可小觑，严重的干旱也会将肥沃的农田变得灰尘满天，不适于耕作。在沙漠和季风气候区，这些事件正是一个有规律的自然气候的特点。但是在其他地方，当地的动植物可能一生中仅受到一次这样的灾害。有些时候，这些灾祸是由反常气候引起的，但是由于人类活动改变了自然景观原貌，使得这些灾难变得更严重。

◀暴洪

当水沿着山体向山谷流动的时候会形成一个漏斗形状，非常大的降雨会造成突发性洪水灾害。大水形成急流，将石块、树木、小汽车和房屋卷走。2004 年 8 月，在英国博斯卡斯尔的一个小村庄，在一次较强烈的雷暴天气之后，暴水向着陡峭的河谷汹涌而来。巨大的洪水将建筑物和桥梁冲走，并将 80 余辆小汽车冲入海洋。

大树被洪水连根拔起

毁坏的汽车被大量堆积的残骸掩埋

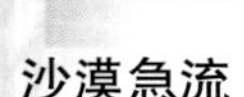

◀洪水

奔流的热带降雨会引起巨大的洪水暴发。1988 年，孟加拉国的一多半国土被来自喜马拉雅山脉的恒河和雅鲁藏布江的洪水所淹没。洪水使 2000 多人死亡，4500 万人无家可归。仅仅 3 年以后，这个国家再次被洪水淹没，造成 15 万人死亡。

沙漠急流

洪水

沙漠地区比较罕见的强暴风雨能够引起突发性洪水灾害，将这些贫瘠的土地，以及布满沙尘的土壤冲洗成一条条小沟。当暴风雨来临，洪水伴随着石块和泥沙的快速流动，沿着这些小沟渠，将岩石冲走。几千年过去，将这个地方变成陡峭的山谷，成为干枯的河道或者河床。

干涸的河谷

当降雨停止后，洪水迅速地流走或者排走，床依旧干涸。每一条干涸河床能够保持几个月或几年的干旱，下一次暴风雨会制造一个新的急流向干涸的河床汹涌而来。于是，一段时间以后，使在极端干旱的气候条件下，沙漠地区仍然存在洪水塑形的景观。

◀干旱

在沙漠的边缘，干燥的土壤被草或其他植物的根固定住，这样植物就能经受长时期的干旱。但是如果当地的人们过度放牧，这些植物将会很难生存，甚至灭绝。没有这些植物，土壤将被风吹到其他地方而流失，或者是暴雨后被洪水带走。这样的话，干旱的影响将会更加严重。慢慢地沙漠面积更大，人类以及牲畜就会饿死。

◀暴风雨的力量

一场非常强的风能够将森林夷平，庆幸的是这种风一般并不多见。在1987年10月，一次强烈的暴风雨席卷了英国南部，将1500万棵树连根拔起，毁坏了上千座建筑物。尽管暴风雨比不上热带飓风，但是它们对景观的影响和破坏性仍不可小觑。由于这种风在欧洲北部很少发生，所以当地的树木并不适应，也抵挡不住如此强烈的风。

◀尘暴

如果干旱地区的农民过度种植农作物毁坏了当地的自然植被，土壤会变得越来越贫瘠。这个问题可以通过在这片土地上大量播撒有机肥来解决，否则的话，干燥的土壤就会变成沙尘。这种情况在美国中西部20世纪30年代曾有发生。经过了多年的干旱和重复多次的小麦种植，这个地区变成了尘暴区。最终，土壤被吹走，沙尘暴席卷美国。

泥石流

热带森林能够在暴风雨下生存，因为当地的树木在漫长的进化过程中已经适应强风和暴雨，树根将土壤固持住，并能够涵养水源。所以有自然植被覆盖的区域一般能够抵挡住飓风袭击，遭受的损失很小。但是如果森林已经被砍伐，自然植被遭受破坏，便没有东西能够在洪水中固持土壤了。在一次大的暴风雨中，土壤将会变成液体泥浆，席卷村镇，毁坏建筑物，危及生命。

▲野火

长达几星期的干旱能够将一个地方的水分榨干甚至暴发火灾。像澳大利亚、美国加利福尼亚州和欧洲南部，这些地方生长的植物富含油脂，非常容易点燃，因此这些地方燃烧的野火最剧烈。植物能够在有规律性的比较小的野火中生存，一般这些野火很快会熄灭。但是如果大火控制的范围覆盖了这些零星的小火，那么枯叶就能提供燃料来源，造成更大的火灾，就像葡萄牙这次火灾一样。

冰

在世界上最冷的地方，空气和地表温度远远低于水的冰点，尤其是在冬天。因此，在这些地方，大部分水以固态冰的形式存在于自然界中。冰存在于地表冻结以后的土壤中、江河表面，极地冻结的海洋里，以及常年不化的积雪中。最终，这些积雪紧缩成冰川、冰帽和冰原，形成了高山和极地大陆。

结冰的大洋▶

北极地区天气非常严寒，北冰洋的表面结成了冰。这种洋面结的冰与陆地上的冰原比起来就薄多了，并且它们经常处于移动状态，如被洋流所驱动围绕着极地打旋等。极地冰是永久性的，当冰融化的时候，它们经常被在水上形成的新冰所取代，这些新冰形成后向极地移动。

深度结冰

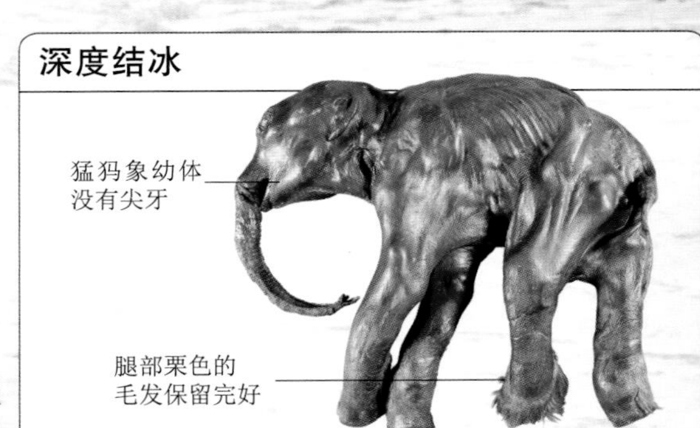

猛犸象幼体没有尖牙
腿部栗色的毛发保留完好

北极永久冻结带长期的深度冰冻，保护了一些植物、动物的遗迹或遗体，甚至数千年以前的人类遗迹或遗体。1977年，在西伯利亚东部的科累马河发现了几具史前长毛猛犸象的冰冻尸体，包括上图这头小猛犸象。科学家利用放射性碳测年测定其年龄，发现它死于约4万年前，但是它的皮毛、内脏器官和一些长毛仍然被冰块保存完好。

◀永久冻土

在极地，那些没有被永久冰块所覆盖的陆地在冬天会冻结成固体。到了夏天，这些地方的表层地面融化，但是深层仍然保持冰冻状态。深层冻土阻止了融化的水流向其他地方，并且在北极的广大地区形成了一些池塘和沼泽。这种准永久冻土景观被称为苔原或冻土地带。有些地方，冰陷入土壤中，推起了些水泡状突起，称为小丘，约 50 米高。

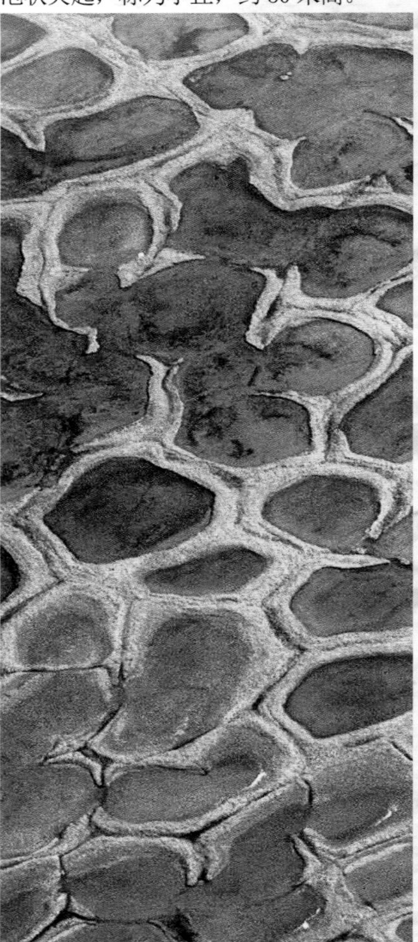

结冰和融化▶

水结冻成冰以后，体积扩张。随着季节变换，这些水结冻、融化又结冻的扩张力使得石头和土壤相分离。这种变化能够粉碎大石头和悬崖峭壁，将它们弄成碎石或鹅卵石。多年的反复冻融使地表产生了一些裂缝，这些裂缝慢慢变大并被岩石碎片所填充，形成了很多苔原多边形，就像右图中阿拉斯加州这些一样。每个多边形约几米宽。

夏天融化的水在冰面形成小池塘

冰川▶

在寒冷的极地和高山地区，降落的雪即使在夏季也不能完全融化。许多年过去后，这些雪不断堆积，直到它自己的重量把内部大部分空气都挤压出去，就变成了固体冰体。这些冰体随着移动的河流沿着斜坡缓慢下滑，称作冰河或者冰川。最终，这些冰川要么流入海洋，如右图中的阿拉斯加州，要么边缘融化形成河流。

◀冰山

大部分冰山是由于北极或南极的冰川流入海洋形成的。当它们到达海洋时，大块的冰体脱离，形成冰山。如果冰块足够冷，它们密度就非常大，呈蓝色。由于冰山是由积雪形成，是淡水组成的。冰山里面仍然有石头和灰尘，冰山融化后，这些灰尘和石头就会沉在海洋的底部。

大冰原▶

覆盖南极洲和格陵兰大部分地区的巨大冰原，是非常大的冰川。在南极洲中部，任何降落的雪花都是不会融化的，它们逐渐堆积成冰。南极洲冰原有4500米厚，它能将整座山脉掩埋，仅有山顶能够露在外边。冰太重了，使得南极洲下沉了约1000米。

移动的冰产生压力形成冰脊

冰冻期，严寒期

严重的冰冻期并非严格限定在极地区域。在正常温暖季节的冬季有时候天气冷得都会让江河冰冻，引发破坏性的暴风雪。这种寒潮经常是高压系统引起的，持续几天或者几周，在大陆性气候地区更容易发生。温暖、湿润的空气途经非常冷的区域时，可以引起冻雨，冻雨能够盖住所有的东西。左边的这幅图片，是19世纪末在加拿大的蒙特利尔拍摄的，人们试图用水去灭火，结果水都冻结在建筑上。

厄尔尼诺

正常情况下，热带太平洋区域的季风洋流是由东边流向西边，但这种模式每 2 ～ 7 年被打乱一次，太平洋洋面海温会出现一次异常，削弱正常情况下的洋流的流动。此时，太平洋表面的暖水又流回东方，抑制了携带着丰富食物的冷流流到东太平洋。这种现象称为厄尔尼诺。它与南方涛动是同步的，南方涛动是热带太平洋与热带印度洋气压的升降呈反相关关联的振荡现象，它发生时可以破坏正常的气候模式，引起干旱和洪涝灾害。这就是厄尔尼诺和南方涛动，或者两个事件合起来叫作恩索（ENSO）。

对野生动物的影响▶
美国北部的加拉巴哥岛周围被秘鲁洋流的冷水围绕。秘鲁冷流带有大量的浮游生物和各种鱼类。在一次厄尔尼诺事件中，向东的暖流抑制了冷流，浮游生物得不到足够的营养而死亡，连带引起以浮游生物为食的鱼类大量死亡。海鸟也因找不到足够的食物喂养幼鸟，导致幼鸟饿死。

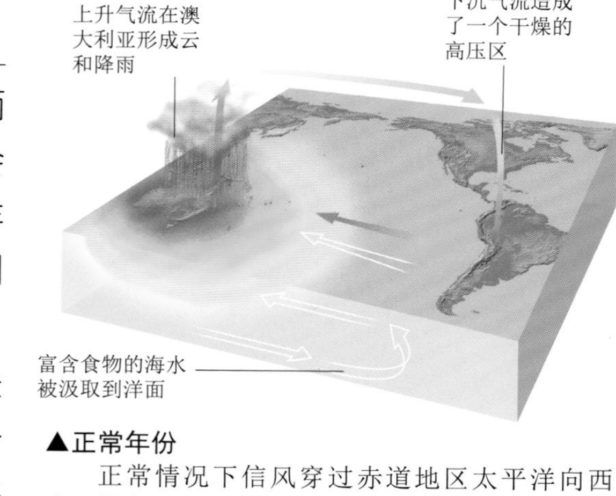
上升气流在澳大利亚形成云和降雨
下沉气流造成了一个干燥的高压区
富含食物的海水被汲取到洋面

▲正常年份
正常情况下信风穿过赤道地区太平洋向西流，堆起暖流环绕澳大利亚和印度尼西亚。这就使海水远离美国南部的海岸，导致冷水从洋底泛起。这些营养丰富的冷水滋养了大量的海洋生物。同时，水汽从大洋西部上升，为大雨的发生创造了条件，并且形成了部分的空气环流，称为太平洋环流。

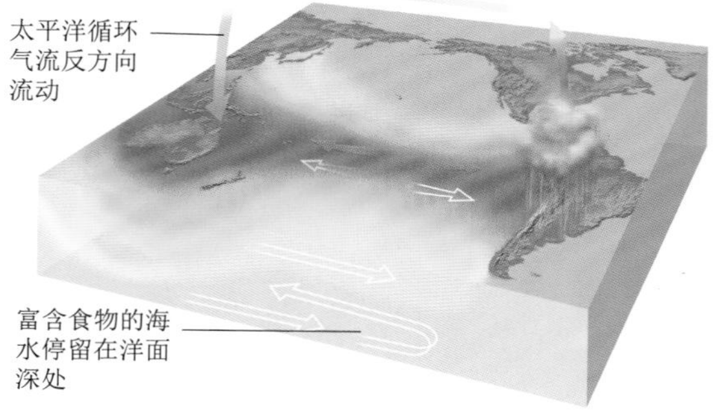
太平洋循环气流反方向流动
富含食物的海水停留在洋面深处

▲厄尔尼诺事件
在一个厄尔尼诺事件中，信风减弱使得温暖的海水向美国南部回流。温暖的海水因阻止了含食物丰富的寒冷海水上升到表面，从而切断了维持海洋生物的食物供应。这额外的表面暖流在太平洋东部形成了一个低压系统，造成了南美地区的暴雨，使得太平洋环流反向流动，同时太平洋西部可能会形成高压系统，引起干旱。

在一次拉尼娜事件中悉尼的大风雨

◀拉尼娜
厄尔尼诺在西班牙语中是“小男孩”的意思，它指圣婴，因为厄尔尼诺经常在圣诞节前后发生。但是，有时情况正好相反，西太平洋正常的低压系统变得更加强大。信风加强，将暖水向西部延伸，改善了南美沿岸海洋生物的条件。西部的低压引起了印尼和澳大利亚不寻常的强降雨。这种现象称为拉尼娜（又称反厄尔尼诺），即“小女孩”的意思。

◀对渔业的影响

从秘鲁流来的寒冷水分富含浮游生物，流经之处有世界上最丰富的鱼类产区。大量的鱼类被商业捕捞船队捕获，例如凤尾鱼。但是严重的厄尔尼诺会阻止寒冷海水上翻到水面，海面不再有浮游生物，造成鱼类数量减少，导致以捕鱼为生的人们丧失了谋生来源。

全球影响▶

由于厄尔尼诺事件与大气环流的变化相联系，它的影响范围很大，能对半个地球都产生影响。它影响的区域远远不止赤道太平洋地区。在 1992 年，与一次厄尔尼诺事件相联系的天气系统在得克萨斯州制造了 3 次降雨，包括加利福尼亚南部反常的暴风雨，另外一个重要影响是阿拉斯加温度比正常年份上升 7℃。在南非造成了灾难性的干旱，将很多肥沃的土地变成了沙漠。

北大西洋涛动

南方涛动是太平洋地区一个常规的事件。与之相似，一个较小的极端摆动在其他地方也有发生。其中一个就是北大西洋涛动。它影响两个不同天气特征之间的气压差，即亚速尔高压和冰岛低压。当这些气压的差别比较大的时候，强烈的极地急流把低温湿润的气候特点带到北欧；但是当这种气压差别较小的时候，急流会减弱，寒冷的空气移向西方，给欧洲北部带来多雪的冬季。

▲印度尼西亚干旱

正常年份下，印度尼西亚和新几内亚岛大部分地区都有丰富的雨水，但是南方涛动能够在这个地区制造一个高压天气系统，阻碍了云和雨的形成。结果是会产生干旱，导致庄稼死亡，引起灾难。随着植被的死亡，火灾容易发生，大部分地区可能会被毁灭性的森林火灾一扫而光，当地的农民对此无能为力。

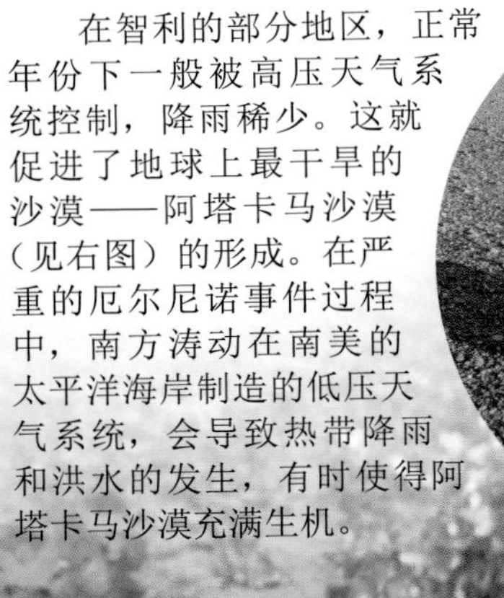

沙漠雨▼

在智利的部分地区，正常年份下一般被高压天气系统控制，降雨稀少。这就促进了地球上最干旱的沙漠——阿塔卡马沙漠（见右图）的形成。在严重的厄尔尼诺事件过程中，南方涛动在南美的太平洋海岸制造的低压天气系统，会导致热带降雨和洪水的发生，有时使得阿塔卡马沙漠充满生机。

是看不到的

浮在空气中的微粒▶
天空中有大量的看
的微小颗粒，即气
(气溶剂或者烟雾
它们可能会在空
悬浮很多天，右图
看到的是扫描电子
镜下放大了的微粒。
是自然物质，如灰尘、
、孢子菌和花粉粒，另
则是煤烟、由交通工具的发
和工业释放出的物质。

空气经常被来自自然界的各种形式的污染所影响，比如自然火灾中的烟雾，或者是火山爆发产生的烟灰和各种气体。它们是自然环境的组成部分。但是在过去的 200 年中，由于人口增长、城市扩张和工业的发展，以及汽车和航行器的使用，人为的空气污染日益严重。开始，只是城市和工业区受到影响，现在空气污染扩展到全球，甚至影响到北极。

煤烟中充满了悬浮的煤烟烟灰颗粒

◀煤烟

煤作为燃料能够引起严重的空气污染，因为释放出的这些烟雾中不仅含有污染气体，而且含有烟灰颗粒。这种混合物能够染黑建筑物，引起人体呼吸困难，以及影响植物正常生长。在过去，煤烟雾污染对整个景观都造成了不良影响，至今这仍是世界上一些国家的主要问题。

适应污染

这种飞蛾在没受污染的地区是正常的苍白色的

在受污染的地区暗色飞蛾则更常见

在 19 世纪的英国，烟雾污染非常广泛，以致影响到了野生动物。正常的飞蛾翅膀是苍白色的，有暗色的斑点，但有些颜色非常暗。在工业区，当它们停留在被煤烟染黑的树上时，暗色的飞蛾由于跟树色泽相近，能够更好地伪装，从而不大可能被鸟类发现和吃掉。

灰烬云▶

火山爆发是一种自然现象，它们对大气的影响是巨大的。在 1991 年，菲律宾群岛的皮纳图博火山爆发，炸裂了大量岩石和细灰，并且将它们喷向天空。火山灰笼罩在上空形成了火山云，挡住了太阳辐射给地球的热量，导致当地的平均温度降低 0.5℃

▲烟雾

空气中的煤烟粒子使得水蒸气非常容易凝结并形成雾。在这些煤烟粒子的帮助下，空气中常会形成厚重的危害很大的烟类的雾，即人们通常说的烟雾。烟雾在城市中非常常见，如上图所示为20世纪50年代的英国伦敦，当时人们在家庭中都是燃烧煤来取暖的。在1952年的12月一次严重的伦敦烟雾事件导致了约12 000人死亡，从此以后，这个城市中就禁止使用煤炉了。

▲光化学烟雾

汽车和卡车发动机排放的气体能够与太阳辐射中的紫外线部分发生反应，形成棕色的薄雾或者叫作阴霾，这种薄雾或者阴霾称为光化学烟雾。这在汽车多、光照充足的城市里是非常常见的，像美国的洛杉矶。上图中所示的这种现象可能更为严重，这是由于这个地方经常会有一层较凉的海风吹过，这些海风的高度比较低，经常在暖空气下边，这就阻止了暖空气的上升，污染物就不能随着暖空气的上升而扩散掉了。

无夏之年

1815年印度尼西亚发生了有记录以来的最大一次火山爆发，将坦博拉火山海拔1200米以上的峰顶都喷走了，左图中可以看出，火山灰环绕在地球表面，使温度大幅度降低，于是1816年就变成了著名的“无夏之年”，夏季出现了寒冷的气候使作物停止生长，从而造成粮食短缺，甚至是饥荒。在法国，葡萄在树上就被冻住了；在瑞士，饥饿的人们开始吃苔藓为生。

亚洲褐色阴霾▶

在亚洲，数以百万计的生火做饭会产生巨大的烟雾云，被称为亚洲褐色阴霾。阴霾中的有毒物质造成的空气污染每年导致220万人死亡，主要危害妇女和儿童。煤烟颗粒散布到世界各地，甚至在北极冰雪覆盖的区域都有发现，使得北极冰的颜色加深，这也使得冰更易于融化。因而亚洲的厨房用火可能会导致融化极地冰盖。

酸雨和臭氧损耗

煤烟、灰尘和其他固体小颗粒形成了可以看得见的烟云，很多的空气污染是由它们引起的。然而一些看不见的气体，如硫、氮和碳的氧化物，也能产生污染。所有这些气体都可以自然产生，但是人类活动使得它们在空气中的含量增加。如发电厂、工业、交通工具和家庭中燃烧碳、石油和煤气，排放出这些有害气体，会导致酸雨等污染问题。人造气体氟氯化碳释放到空气中，会导致臭氧层被破坏。

▲废气

如果水汽中溶解了硫和氮的氧化物，就会产生酸性较弱的硫酸或氮类酸，从天空降落形成酸雨。大部分硫氧化物来源于烧煤的发电厂，而多数氮氧化物来源于燃烧汽油或柴油的交通工具。可以用一些装置将氧化物从废气中过滤出来，如用在汽车尾气中的催化转换器等，但是这些装置一般工作效率并不高。

正在消溶的石头

很多历史悠久的塑像和建筑物是由石灰石做成的。石灰石相对来说比较容易雕刻和塑形，但是它们会被酸雨溶解。自然界中的雨一般都带有轻微的酸性，过去很多年，因为雨水中酸性不大，古代的很多石雕工艺经历了千百年的雨水淋溶后还基本完好。但是近些年人类活动造成的空气污染大大加剧，酸雨酸性增强，加快了石雕腐烂的速度。上图中法国巴黎圣母院的怪兽状水滴近些年部分已经被酸雨侵蚀了。

死湖▶

在很多地区，酸雨落在了富含石灰的岩石、土壤和湖泊中。石灰与酸发生反应使得它接近中性，与纯净水类似。但是广袤的加拿大和斯堪的纳维亚地区是由远古的坚硬的岩石组成的，这些岩石不含有任何石灰成分，任何酸雨落到这里都会增加这些土壤和湖泊的酸性，杀死鱼类和其他野生生物。加拿大的伊利湖，如右图所示，正是被这种方式影响的数千个湖泊之一。

濒临死亡的树木▶

在欧洲中部和东部、斯堪的纳维亚和加拿大，成百万的树木正在走向死亡。这也许是酸雨毁坏的结果，虽然有些科学家认为这些是由光化学烟雾造成的。无论如何，树木被风从大城市和工业中心带来的某种气体污染物所损伤，大片森林已经被毁坏，这对居住在那里的野生动物有灾难性的影响。

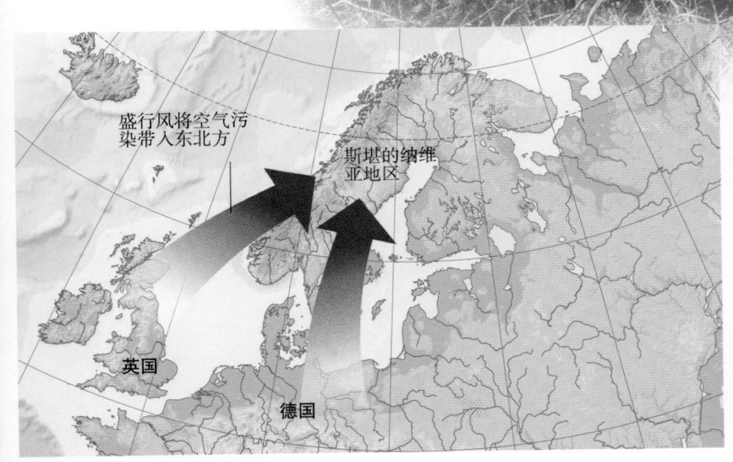

▲降临的破坏

风携带着形成酸雨的酸化水汽，吹过工业区和城市，把污染带到其他地方。比如斯堪的纳维亚地区受到酸雨的影响就很严重，并且由于这些酸雨是由英国和德国北部被风吹来的，从而构成了欧洲政治局势的紧张。加拿大也有同样的问题，污染源由风从美国吹来。但是这种情况随着污染得到有效的控制而有所改善。

冰箱山

很多冰箱被堆在废车场等待安全排放氟氯化碳

一旦人们了解到氟氯化碳的影响后，就会采取措施限制它们的排放。罐装物制造商转而应用对臭氧友好的喷雾气体代替氟氯化碳，并设置一些系统将废旧冰箱中的氟氯化碳安全地排放。但是大气中已经存在的氟氯化碳的衰减是十分缓慢的，将会在未来数十年中继续与臭氧发生反应。

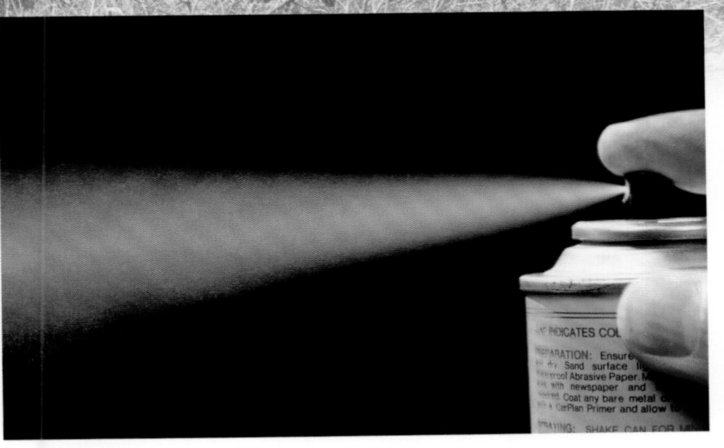

▲臭氧损耗

臭氧是一种氧化物，在平流层中有一个臭氧薄层，它能够强烈地吸收太阳辐射中的紫外线。人造气体氟氯化碳能够破坏臭氧。氟氯化碳曾被用来给喷雾剂罐装瓶增压，并作为冰箱的冷却剂。如果氟氯化碳被排放到空气当中，它们能够攻击和减少臭氧层的臭氧。

◀臭氧空洞

1983 年，科学家在南极上空的中部发现了一个臭氧空洞。在卫星影像上，这个洞看起来是深蓝色的。温度低于 -78℃ 时，加剧了臭氧层的破坏，于是经过黑暗的极地冬天以后，在南极洲上空臭氧自然就减少了。但是空气中的氟氯化碳使这个问题更加严重。在北极也发现了一个很小的臭氧空洞。

变化的气候

只要地球存在，气候变化就会一直持续下去。造成的原因有以下几种可能：随着时间的推移，地球表面的大气组成成分发生着变化，太阳发射出的能量也在上升。地球大陆还在不断地移动，影响了风和洋流。并且，地球绕太阳转动的方式也在发生着可以预计的变化。于是在过去的数千年中，大部分大陆都经历了各种气候，从热带沙漠到冰冻的极地荒原。

▲进化的大气

在大约 36 亿年前，大气中的二氧化碳比现在多得多。如果现在仍然有那么多二氧化碳的话，将会产生非常大的温室效应，可能会将海洋煮沸。但是在当时，太阳能比现在少 25%，于是水依然能够以液态形式存在于地球上。水慢慢地从大气中溶解了很多二氧化碳，并将它们转化为碳酸盐岩石，比如石灰石。

◀移动的大陆

地球的表层在缓慢地移动，大陆也随之移动。从这里（左图）可以看到，西部的撒哈拉沙漠，以前在南极地区，并且被埋在冰下。与之相反，南极洲的部分地区，原来曾经被热带雨林所覆盖。当时，几个大陆连在一起，是个非常大的超级大块陆地，由于这个超级大陆的中心地区距离海洋太远，可能几乎不下雨。

轨道循环

地球轨道遵循固定周期变化规律，这影响着地球上的气候。这种变化叫作米兰科维奇假说，是由塞尔维亚气候学家米兰科维奇在 1920 年发现的。这个假说认为存在 3 个循环，它们分别具有不同的时间尺度。其中一个影响着地球绕太阳转动的轨道形状，即由圆形向椭圆形变化（地球轨道偏心率）；另一个逐步改变地轴相对于太阳的倾斜角，即黄赤交角；第三个循环使得倾斜轴晃动，或者是旋转。它们影响全球和季节的温度，比如不同地方的季节起始时间和长短。这个循环也可能与某个气候事件相联系，比如冰河时代。

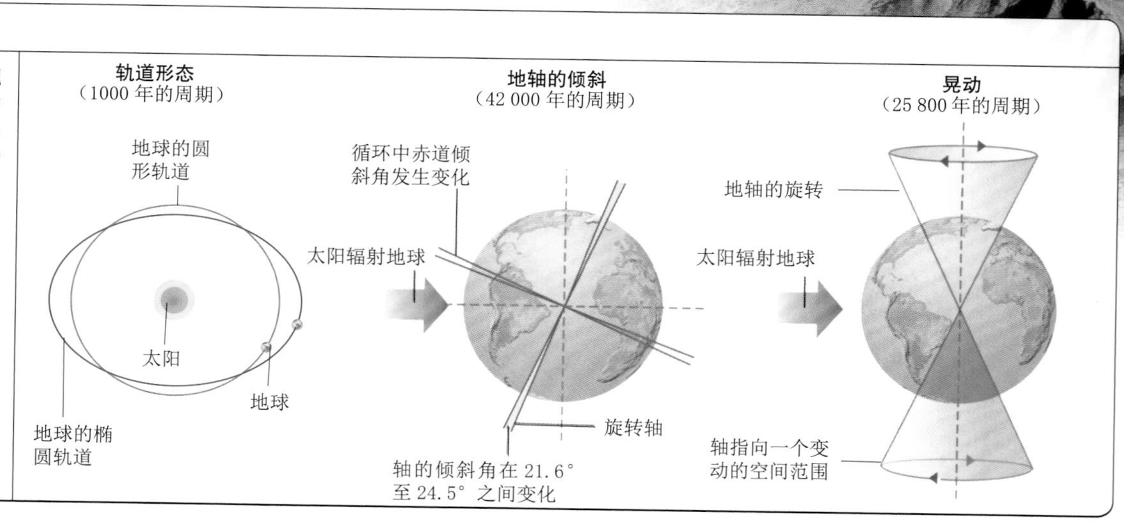

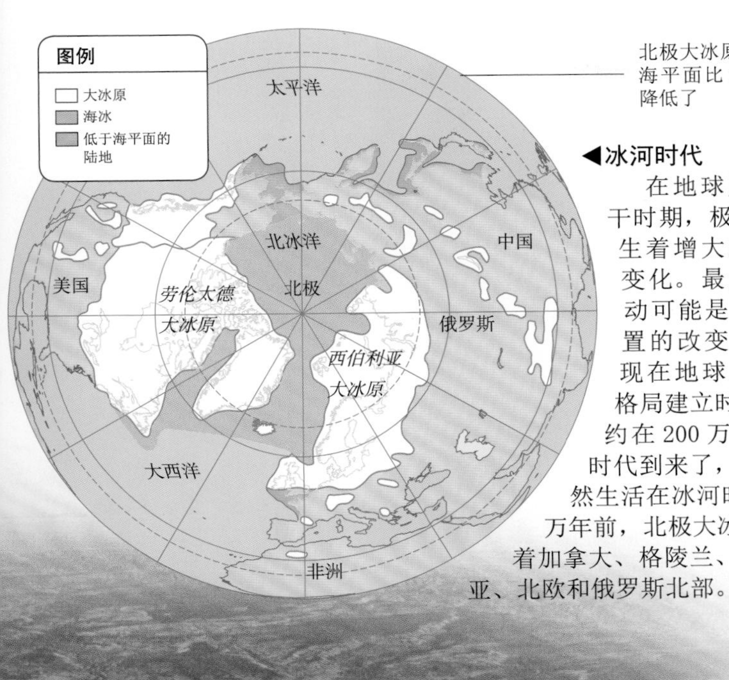

北极大冰原越来越大，海平面比 18 000 年前降低了

◀冰河时代

在地球历史上的若干时期，极地大冰原发生着增大或者缩小的变化。最大的一次波动可能是由于大陆位置的改变引起的。当现在地球上这种海陆格局建立时，也就是大约在 200 万年前，冰河时代到来了，我们至今仍然生活在冰河时代。在 1.8 万年前，北极大冰原冰盖覆盖着加拿大、格陵兰、斯堪的纳维亚、北欧和俄罗斯北部。

热和冷的时期

最近的一次冰期大约在 200 万年前，其间有几次气候较暖的间冰期。在冷的时期，北半球大部分地区都与北极相似（见上图）。但是在 12.5 万年以前，大象和其他热带动物的栖息地向北能移到英国。这些冷的或暖的时期可能是由米兰柯维奇周期造成的。上一次大的寒冷期大约在 1.2 万年前结束，我们目前就生活在一个相对温暖的时期，将来会有更多的寒冷期，不过下一个寒冷期在 5000 年以内不会出现。

小冰河时代▶

在一些小的尺度上，气候经常会经历一些温暖或者寒冷的时期，每个时期大约持续几百年的时间。大约在 1430 年开始，一直持续到约 1850 年的小冰期时期是其中之一。在欧洲由于这种低温，人们可以在结冻的江河和沟渠运河上举行霜冻展览会，就像约 1600 年左右的这张荷兰油画所描绘的场景一样。

暴龙，恐龙的一种，灭绝于 6500 万年前

▲灾难

非常偶然的火山爆发会释放出大量的灰尘和气体，引起气候发生变化。在澳大利亚的一次陨石碰撞地球时就造成了一个陨石坑，对气候也会有类似的影响。在大约 6500 万年前，一块巨大的陨石撞击到墨西哥湾的尤卡坦半岛。许多专家认为，这次陨石撞击事件造成的气候变冷可能造成了当时的恐龙大灭绝。

◀大规模灭绝

大部分自然气候变化都是在非常长的时间内完成的，所以动物和植物都能够适应这种变化，它们或者是向北和向南迁移，或者是通过物种进化来适应气候的改变。但是也有一些变化发生的非常突然，导致某些野生动物来不及适应而灭亡。大约在 6500 万年前，成千上万的物种集群绝灭，造成恐龙时代的结束。

全球变暖

研究表明，全球正在变暖。19 世纪 80 年代至今，全球的平均温度大约上升了 1℃。这个数字也许听起来并不大，但是自从末次冰川结束以来的 1.2 万年间，全球气温总共才增加了约 8℃。从此看来，在 100 多年间能够增长 1℃这个幅度已经是很大了。温度升高引起海平面上升，极地冰融化，以及颠覆世界气候格局。这个问题主要是由于人们燃烧化石燃料带来的温室效应造成的。

▼碳危机

大气中二氧化碳浓度的增加是造成温室效应加重的主要原因。最近的研究结果表明，现在二氧化碳的水平是自 6.25 万年以来最高的。释放到空气中的二氧化碳来源于汽车和航行器材提供动力，以及供家用发电的煤、汽油以及其他富含碳的燃料的燃烧。

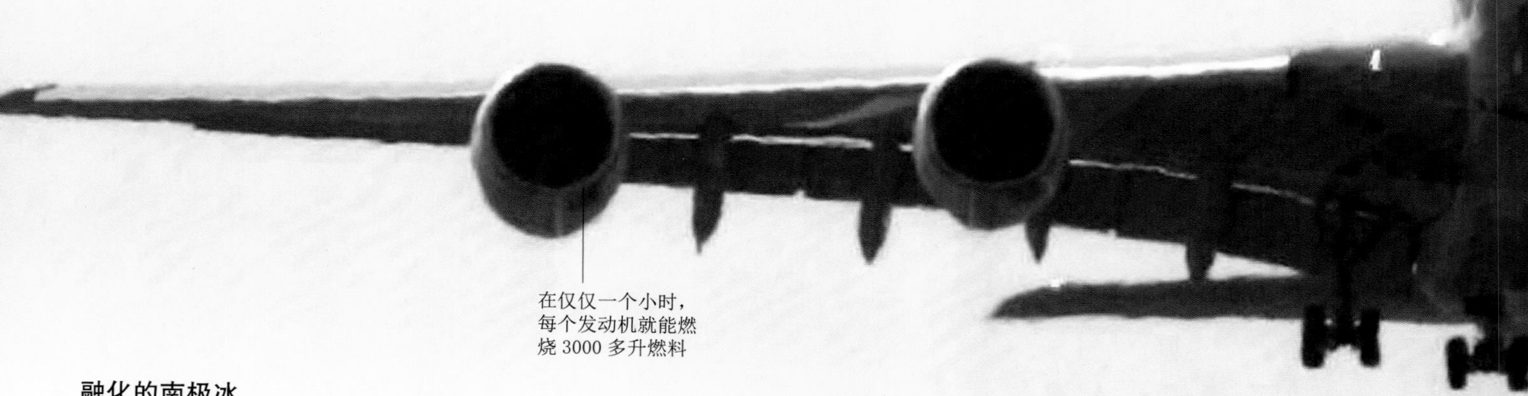

在仅仅一个小时，每个发动机就能燃烧 3000 多升燃料

融化的南极冰

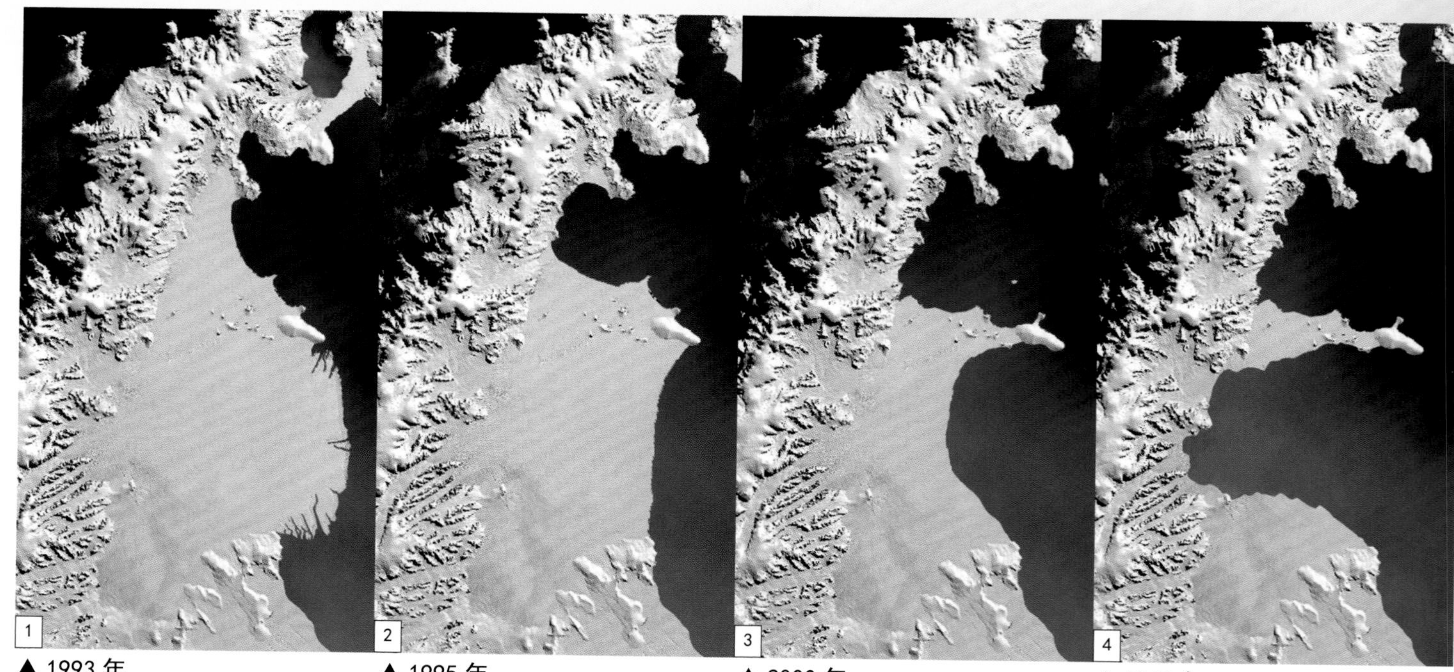

▲ 1993 年

极地地区温度上升是最快的。在南极半岛，夏季温度比 20 世纪 60 年代上升了 2℃，大面积的冰已经融化。图为 1993 年的冰壳。

▲ 1995 年

在南极半岛，冰壳曾经被两个非常大的海湾填满，这两个海湾是由一块向水中突出的陆地分开的。在 1995 年，北部海湾的一半冰破损，南部大面积的冰也消失了。

▲ 2000 年

5 年以后，北部海湾所有的冰都消失了。南部地区的大冰原也在回缩融化，露出了一块石质陆地，这块陆地曾被厚厚的永久冰覆盖了 2000 年。

▲ 2002 年

2 年内，另一块巨大的厚冰板也消失了。在这 9 年间，大约 3275 平方千米、200 米厚的冰融化，或者是变成冰山漂移到南部的海洋。

◀冰芯证据

一个冰芯就是取自大冰原深处的一个样品。来自格林兰和南极大冰原的冰芯含有来自大约 40 万年前的小气泡，它展现了空气中各成分的比例，指示了当时的气温。冰芯揭示了上升的气温，与高水平的二氧化碳浓度正好一致。科学家因此得出结论，今天的全球变暖是由于二氧化碳上升造成的。

火山爆发

火山爆发向大气中释放大量的二氧化碳、水蒸气和其他温室气体。一次大爆发释放很多气体，比起人类制造的二氧化碳要多很多。但是，自从地球形成以来，就有火山爆发，因此，从长远来看，它们对大气成分变化的影响是很小的。火山爆发并不能为当今的全球变暖负责。

固定航线每年释放 60 多亿吨二氧化碳

◀燃烧森林

树木和其他植物生长的时候，从大气中吸收二氧化碳。当它们死亡和腐烂的时候将这些碳释放。森林中，包括年轻的、老的和死亡的树木，吸收的二氧化碳量与释放的相当。但是如果森林被砍伐和燃烧，它含有的所有碳都被释放到空气中。热带地区每年大面积的森林遭火灾破坏，这种情况时有发生。

化石燃料▶

化石燃料，如煤、石油和汽油是几百万年前植物和动物形成化石后的残余物，并保留全部的碳成分。这些碳组分储存了能量。当燃料燃烧时，能量释放，碳就变成二氧化碳进入空气中。

甲烷▶

作为燃料的天然气主要成分是甲烷，甲烷是一种非常重要的温室气体。尽管在大气中甲烷比二氧化碳少得多，甲烷仍然制造了 20% 的温室效应。甲烷是由掩埋的垃圾、稻田以及涝灾沼泽释放的。随着北极冰冻的沼泽逐渐解冻以及里面死亡的植被开始腐烂，甲烷含量上升。

◀全球变暗

最近的 50 年以来，由于煤烟灰、城市烟雾和大气中的其他污染物的原因，使得到达地球表面的太阳辐射能正在逐步减少。这就是通常说的全球变暗。全球变暗部分地抵消了温室效应，因为由于它的作用，温室气体可吸收的地面热量减少了。但是如果空气污染降低，减少全球变暗的效应，全球变暖将来会更加严重。

未来气候

预测未来的气候是非常困难的。但是多数科学家认为，如果全球变暖继续，它不仅仅只会将我们的气候变暖，还能够带来更多的沙漠化、森林毁坏、海岸城市淹没以及更多的极端天气现象。全球变暖可能会破坏洋流，融化极地大冰原。其结果将导致许多种动植物灭亡，居民受到伤害。

全球热浪

干旱和饥荒

如果温度继续上升，大陆地区将会变得更加干旱。不仅现存的沙漠可能会继续扩张，而且一些比较干的草地或者农场还可能会变成沙漠。比如，美国大草原可能会很容易变成一个贫瘠的尘暴区。许多人不得不抛弃家园，像这些从干旱的埃塞俄比亚逃离的难民一样，甚至许多人或许会被饿死。

烧焦的地球

干旱会导致更多的野火发生，比如2003年在加利福尼亚发生的野火灾害，破坏了2500个家庭。在气候变暖的条件下，雨林也许就不能存在了，可能会发生野火灾害。如果这些发生的话，会释放到空气中更多的二氧化碳。这将加重温室效应，并加剧全球变暖。

洪水和暴风雨（雪）

淹没的城市

受海洋气候系统影响的地区，比如欧洲、印度和东南亚，将会遭受更多的暴雨。江河将溢出堤坝，淹没城市，重演2002年夏天发生在捷克共和国布拉格的那一幕。

飓风警报

温暖的海洋意味着飓风能够在离赤道很远的地方形成。专家相信暴风雨也许会变得更剧烈，比如像飓风“卡特里娜”这样大的灾难将会更加频繁，这种趋势也许已经开始了。

冰冷的欧洲

洋流一定程度上是由北大西洋寒冷的、含盐的高密度下沉海水流所驱动。这使得温暖的湾流向北流去。但是北极融化的冰块向海洋注入了更多的淡水，降低了含盐量和浓度，于是它便不会下沉得这么快。这可能会削弱湾流，并且可能会将西欧带入一个小的冰期。

▼海洋威胁

较高的温度使冰融化，造成海平面上升。如果这种情况持续的话，一些低海拔的岛屿如马尔代夫群岛可能会消失，像纽约和上海这样的沿海城市也可能会有风险，野生动物的生存也会受到威胁。随着赤道洋面升温，将会溶解更多的二氧化碳，使海水变得更酸。这会造成珊瑚死亡。科学家现在担心大堡礁到2050年可能会消失。

▲渐缩的大冰原

极地区域比地球上任何地方都升温快。极地大冰原边缘的冰河向海洋移动的速度更加快了，它们逐渐融化使海平面上升。北极海冰的厚度现在仅仅是50年前的一半，并且它的面积正以每年13%的速度缩小。按照当前的融化速率，北极的冰可能会在2050年彻底消失，北极熊会丧失生活栖息场所从而灭绝。

制约与平衡▶

有些人认为气温上升将会触动维持气候稳定的自然平衡的扳机。例如，海洋中微小浮游生物可能会加倍吸收二氧化碳来对抗温室效应。无论如何，有证据表明气温仍然在上升，自然制约也可能会减缓全球变暖，但并不能阻止它的继续发生。

◀正反馈式的融化

其他自然过程也会使全球变暖更加严重。大面积的极地永久冻土开始融化。如果这种情况持续的话，更多的苔原沼泽将会腐烂和释放甲烷气体。这些气体将进入大气层，增加温室效应。从温暖洋面上升的水蒸气的增加，可能会产生同样的效果，因为水蒸气也是一种温室气体。当极地区域反射率很高的冰融化，海洋和大陆将会吸收更多的太阳辐射能量，快速升温。

天气监测

人们从全世界气象台站以及轨道人造卫星中搜集到天气信息，从大量仪器中得到原始数据。人们借助各种仪器观测地球大气，由简单的仪器如温度计、风向标、雨量计到现代的自动传感器，将获得的全部数据集合到一起，给出局部或者全球任何时间的精确图像，也用它们来做天气预报。

一副仪器上连接着电缆

◀气象气球

人们用装满氦气的气球将传感器携带到高空。利用这些传感器来搜集温度、气压、湿度和风速数据，然后利用无线电将这些数据传送到基站。当这些气球上升时，由于周围的气压逐渐减小，它们的体积会膨胀，最终会破裂。这些仪器包或者无线电探空仪通过降落伞返回地面，如果可能的话，再回收。

南极洲的哈雷研究站

▲百叶箱

许多气象站就是一些简单仪器，必须依靠人工记录这些仪器的读数。上图是在法国的格勒诺布尔雪研究中心，这位记录者正在检查仪器设备。这些仪器保存在一个箱子中，这个箱子称为一个斯蒂文森百叶箱。百叶窗板的侧面将直接的日照和风挡在百叶箱外，使箱内仪器不受其影响。用来测量风、雨和降雪的设备安放在箱子外面。

基本仪器

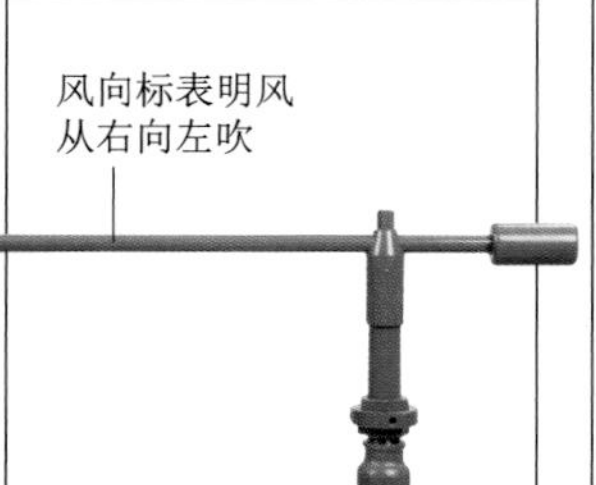

风向标

这个仪器称为一个风向标，表明风的方向。它随风旋转指向风吹去的方向。一个基本的风向标能够用肉眼观察。上图这个风向标跟一个电子传感器联系着，它指示着风的方向，就像指南针轴一样。数据能够被无线电通信传送，或者是被输入电脑中。

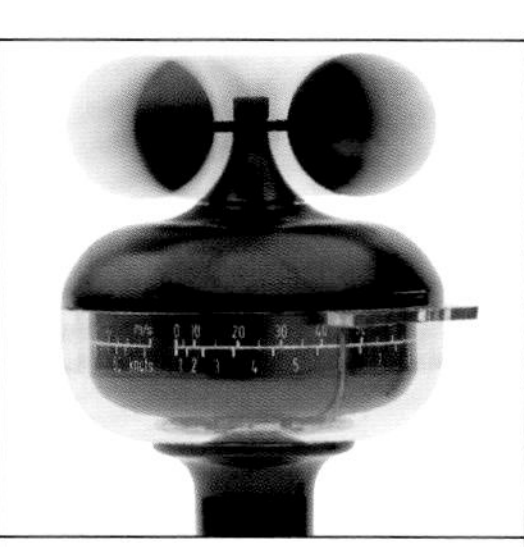

风速计

风速计是测量风速的仪器。风吹得越快，旋转得越快。这个手持模型给了一个风速的标准。风速计的其他电子设备与基站相连，于是就能够自动记录风速。

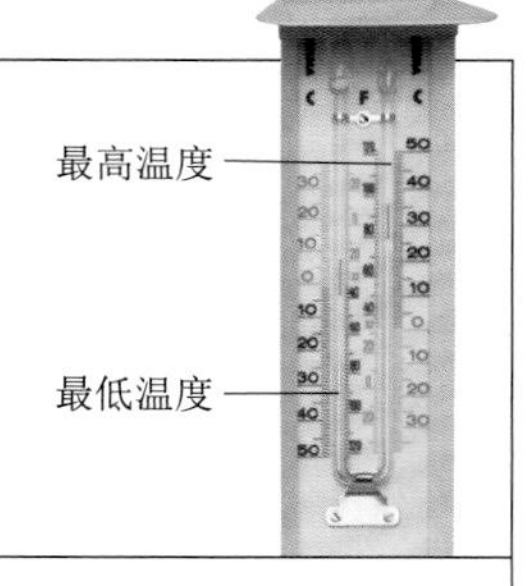

温度计

温度计是用来测量温度的。这个U型温度计展示了当前的温度，也记录了上次检测以来的最高和最低温度。它需要人工读数，也有其他类型的温度计与无线电发报机相联系传输到计算机中。

雨量计

雨量计用来测量降雨量的多少。它包括一个放在金属器皿里的搜集广口瓶。在这个金属器皿的顶端是一个漏斗用来搜集已知区域的降雨。广口瓶中的水倒入一个玻璃量筒，以确定已经下了多少雨。雨量表也有电子式的。

水银高度指示大气压

气压计

气压计可以测量大气压。一些简单的无液气压计在表盘中给出读数，或者通过一个电子线路连接，但是上图中的水银气压计更加精确一些。气压迫使管中水银向上移动。

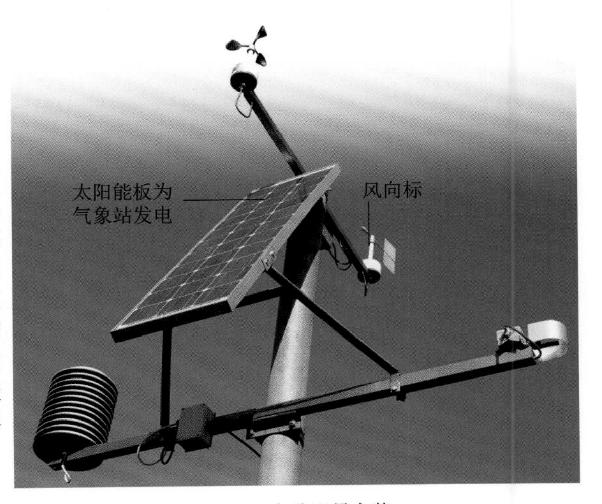

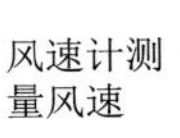

自动的阵列▶

成千上万的自动气象站用来搜集世界各地的气象数据。每个气象站包括一系列气象仪器，通过一个无线传输器联系起来。它搜集的数据一天多次通过人造卫星被自动传输到世界各地的气象中心。

风速计测量风速

当风吹来时，这个机翅用来确保浮标和风向一致

气象浮标▶

在大海上搜集气象数据尤其重要。船舶航行依靠精确的海洋天气预报，并且海上的天气数据也能有助于预测陆地上的天气状况。一些信息是从商业船只获得的，但是也有一些特殊的气象船只和像上图的这个气象浮标。浮标是一个漂浮的自动气象站，它要么固定，要么随着洋流漂流。

气象卫星通过无人驾驶的火箭被运往太空

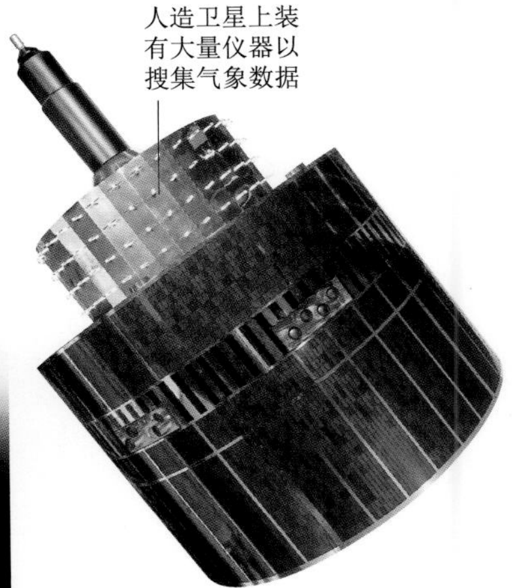

▲气象卫星

被火箭发射到太空的人造卫星能够提供非常有价值的天气数据。这是一个地球同步卫星，在赤道上空 36 000 千米高度围绕地球转动。在这个高度，它始终保持在地球上某地的上空。它用特殊的传感器来监控温度、云、风和湿度，并将这些信息传回地球。

遥测天气

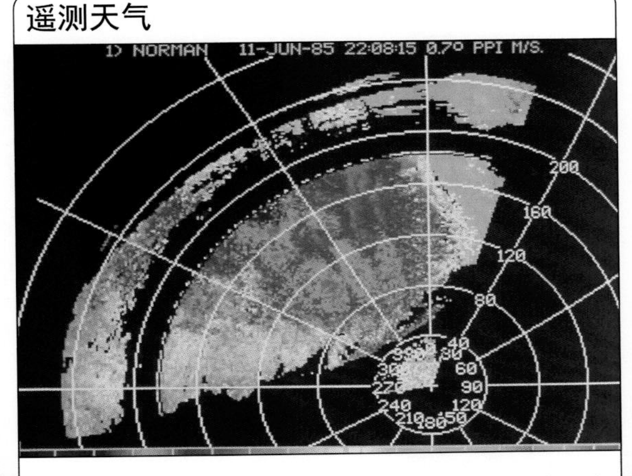

除了人造卫星之外，还有大量的其他方法遥测天气。比如雷达装置能够被用来探测降雨。一次无线电波的脉冲能够通过大气传播。根据反射量和反射时间，气象学家来测量一个广阔面积内的降雨的速率。这张多普勒天气雷达图像表明在美国俄克拉荷马州的一次暴风雨内的风速，多普勒天气雷达能够用来探测龙卷。

气象飞机▼

气象飞机在空中巡航，进行测量和取样。由于运行费用昂贵，它们的数量并不多，但是现在的一些商业飞机也做常规的天气观测。这些商业飞机被美国政府操控。它能飞入飓风中采集风速、气压和湿度等信息。

装配在金属杆上的仪器用来探测大气

经过训练的飞行员能够飞过飓风

◀天气监测

美国国家气象局发布定期的天气报告，通常是一天两次。它们将这些传给天气预报员，由预报员将这些信息转化成公众容易理解的形式。包括从收音机中对基本天气情况的广播，以及详细的天气图和数据，这些资料被传给海员等需要的人员。这些图显示在屏幕上，使用户了解天气情况，了解他们所在区域的天气预报。

天气预报

气象学家利用气象站的数据，推测出未来的天气情况。通常这些数据适合于公认的模式，比如一个低气压系统，于是能很容易预测总体情况。但是预测天气的细节是比较困难的，尤其是预测一些局地事件是否会发生比较难，如雹暴。尽管利用计算机能够做出更加准确的预报，但是这在很大程度上仍然需要依靠预报员的技能。

计算机图像帮助气象
学家处理原始数据

▲计算机程序

几乎现在所有的天气预报都要依赖于计算机。从数百个天气监测站和人造卫星搜集到的信息输入一个特殊的计算机程序，这是一个移动大气的数学模型。当运行程序时，利用最近的天气观测值计算出一系列的数，来表明大气状态可能的变化。气象学家根据这些信息做天气预报。

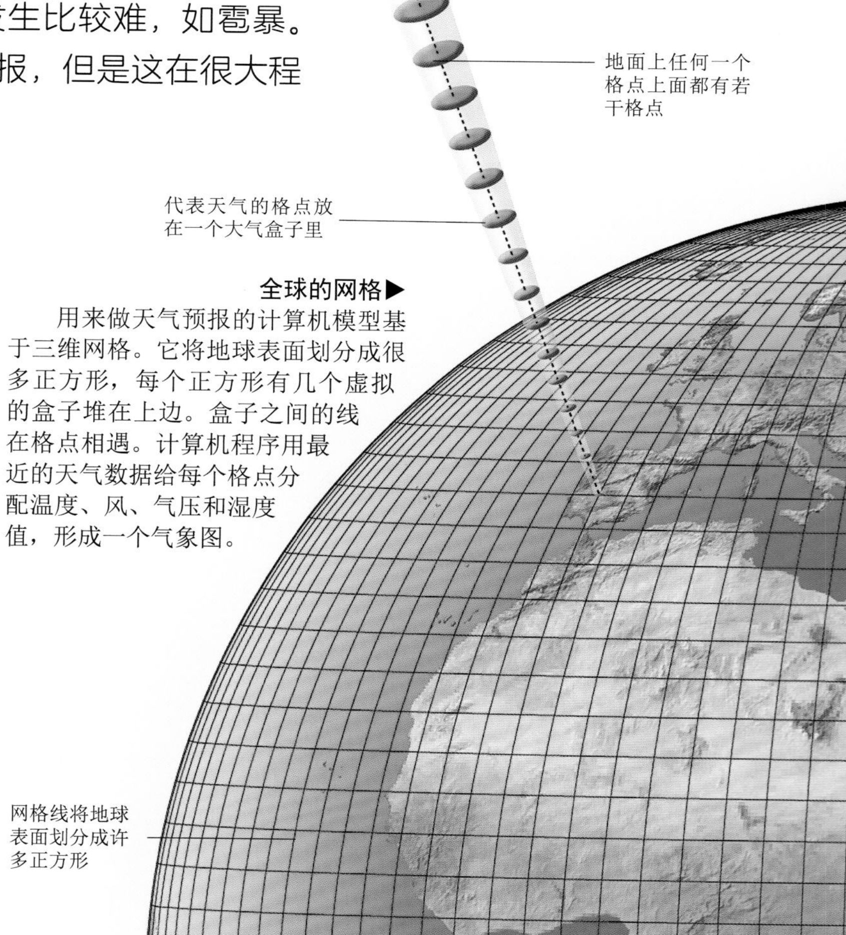

地面上任何一个
格点上面都有若

代表天气的格点放
在一个大气盒子里
网格线将地球

全球的网格▶

用来做天气预报的计算机模型基于三维网格。它将地球表面划分成很多正方形，每个正方形有几个虚拟的盒子堆在上边。盒子之间的线在格点相遇。计算机程序用最近的天气数据给每个格点分配温度、风、气压和湿度值，形成一个气象图。

气象图▶

报纸上的天气预报经常以图形的形式给出。一些图形展示了天气系统是如何移动的，并给出气压、锋等数据，如右面的环流图所示，黑线或是等压线标志出欧洲北部和南部的两个低气压中心。也有的图用一些图标标志了可能会发生的天气类型如一段时间的晴天，小雨，或者是强风。右边的图中也有这些标志。

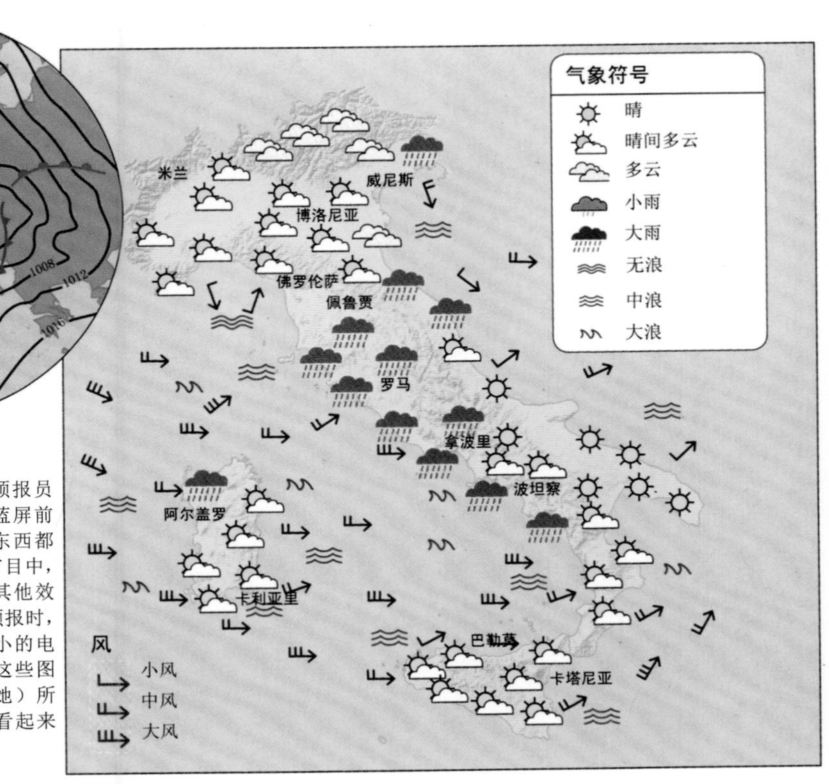

◀电视上的天气预报

电视上的天气预报，预报员实际上是站在一个空白的蓝屏前边的，手指示的地方什么东西都没有。在做好的天气预报节目中，这个蓝色区域被地图或者其他效果所代替。而在录制天气预报时，解说员旁边常会放置一些小的电视监视器，上面就在播放这些图像，预报员能够看到他（她）所指的地方，使得合成效果看起来非常合适。

◀人造卫星影像

如果你浏览美国国家气象局的网站，能够看到气象卫星传来的影像图。这些影像包括世界各地当前天气的图片，以及大型天气系统的发展情况。这三部分依次展示了飓风"卡特里娜"经过美国南部的新奥尔良时候的情景。

观看天气预报▶

每个人都对天气预报感兴趣，但是有些人必须依赖天气预报。农场主或农民的庄稼需在充足的阳光下才会成熟，然后最好在被暴风雨毁坏之前能够快速收获。对于他们来说，一次天气预报的准确与否，对庄稼收成的获利或损失有着实际作用。飞行员、机场管制员、海岸警卫队和渔船船长也是依赖天气预报的人群，他们的工作和人身安全与准确的天气预报密切相关。

农民依赖于天气预报对暴风雨来临的预警

大事记

约公元前 200 年 希腊发明家亚历山大发现空气是有重量的。

公元 23 年 希腊地理学家斯特拉波发表了《地理学概要》，其中将地球分成寒冷的、温和的和炎热的气候区。

1430 年 欧洲进入“小冰期”，一直持续到 19 世纪。低温使得江河和运河每个冬天都结冻，造成大面积农作物受灾和当地饥荒。

1492 年 在往加勒比海的旅行中，克里斯托弗·哥伦布成为第一个利用信风从东向西穿越大西洋的欧洲人。

1564 年 得益于小冰期的寒冷气候，在英国伦敦结冻的泰晤士河上举办了第一届冰上博览会。帐篷、杂耍以及食品摊设立在厚厚的冰面上。

1611 年 德国天文学家约翰尼斯·开普勒是描述雪花具有六边形的第一人。

1644 年 意大利物理学家埃万杰利斯塔·托里拆利发明了水银气压计来测量大气压。

1654 年 意大利托斯卡纳区大公斐迪南二世·德·美第奇发明了第一个密封温度计来测量温度。他还发明了凝结式湿度计来测量湿度。

1662 年 英国建筑师和科学家克里斯托弗·雷恩发明了第一个现代雨量计。

1679 年 英国天文学家埃德蒙·哈雷将气压和海拔联系到一起，认识到太阳加热地球表面造成了空气的流动。

1687 年 英国科学家艾萨克·牛顿出版了《自然哲学的数学原理》，也被称为《原理》，解释了运动的基本定律。

1703 年 英国有记录以来最严重的一次暴风雨“大风暴”，毁坏了许多城镇，造成陆地上 123 人丧生。另外 8000 人在海水中淹死。

1718 年 德国科学家丹尼尔·加布里埃尔·华伦海特设计出华氏温度标准用来测量温度。

1735 年 英国物理学家乔治·哈得来解释了地球旋转是如何影响信风的。哈得来环流就是以他的名字命名的，是全球大气环流的一部分。

1742 年 瑞典科学家安德斯·摄尔修斯设计了摄氏度（℃）标准来测量温度。

1752 年 美国科学家和政治家本杰明·富兰克林利用风筝来研究闪电——一个发明闪电传导的试验。

1803 年 英国业余气象学家卢克·霍华德发表了他的第一篇关于识别云类的笔记。在这本笔记里，他建立的云的命名系统至今仍被应用。

1805 年 英国人弗朗西斯·蒲福设计了一个用来测量海上风速的仪器。它后来经过修改也被用到陆地上。

1815 年 有记录以来最大的一次火山喷发——印度尼西亚塔姆波拉火山喷发。释放到大气中的火山灰笼罩着地球，导致 1816 年整年都没有夏季。

1827 年 法国数学家让·巴普蒂斯·约瑟夫·傅里叶发现了温室效应，通过温室效应，大气吸收来自太阳辐射的热量加热了地球。

1835 年 法国物理学家古斯塔夫·科里奥利发表了一篇论文，描述空气和水在旋转的地球上移动的方式。这就是科里奥利效应。

1840 年 生于瑞士的科学家路易斯·阿加西斯提出冰期理论，暗示北欧曾经被大冰原所覆盖。

1848 年 史密森学会的约瑟夫·亨利建立了一套跨越全美国的获取天气预报的系统，很快有 200 名观察者给亨利发出气象数据，使其能够为《华盛顿邮报》提供天气预报。

1856 年 美国教师威廉·费雷尔发现中纬度环流存在于极地环流和哈得来环流之间，即费雷尔环流。

1857 年 荷兰气象学家白贝罗解释高低压中心是如何影响风速和风向的。

1863 年 爱尔兰科学家约翰·丁达尔发表了一篇文章，描述水蒸气是如何作为温室气体起作用的。

1892 年　第一个天气气球在法国放飞，携带记录气压、大气温度和湿度的仪器。

1895 年　瑞典化学家斯万特·奥古斯特·阿累尼乌斯揭示化石燃料的燃烧增加了大气中的二氧化碳含量，这可能会产生温室效应，从而引起全球变暖。

1899 年　澳大利亚遭受了有史以来最致命的一次飓风灾难，300 多人在“巴瑟斯特湾”飓风中死亡。

1900 年　位于得克萨斯州东南部的加尔维斯敦镇，被一次飓风所毁坏。风暴潮汹涌澎湃引起洪水暴发，导致 8000 多人死亡。

1912 年　4 月 15 日，“泰坦尼克”号游轮撞击冰山后下沉，向加拿大纽芬兰东南漂移了 700 千米，造成 1500 人死亡。

1913 年　世界上最严重的一次暴风雨——“黑色星期天”风暴席卷伊利湖和安大略湖，造成 34 艘船舶沉船，270 名海员丧生。

1916 年　当太平洋西部的降水异常多的时候，澳大利亚东北部的克莱蒙特区域，在一个“拉尼娜年”被灾难性的洪水袭击。

1920 年　塞尔维亚科学家米络丁·米兰克沃维奇揭示地球围绕太阳转动轨道的变化是如何引起全球气温的周期性变动的。

1921 年　挪威气象学家威廉·皮叶克尼斯发表了一个关于在大气中鉴别气团和锋的重要研究，这项研究成果奠定了现代天气预报的基础。

1922 年　英国物理学家刘易斯·理查森利用数学计算来预测天气。然而，直到计算机的问世，这个方法都没有投入实践应用。

1922 年　世界上最高的温度记录出现在利比亚的阿齐济耶，当时的气温达到 58℃。

1925 年　有记录以来危害最大的龙卷——“三州龙卷”通过美国密苏里州、伊利诺伊州和印第安纳州的时候，造成 695 人死亡。

1931 年　中国的长江洪水，导致 370 万人死于疾病、饥饿和溺水。这次洪水是有记录以来最具破坏性的天气事件。

1932 年　经过多年的干旱和农田过度耕作，美国中西部的土壤已经退化为尘土，被风吹走。沙尘暴一直持续到 1939 年。

1934 年　冷气团控制北美洲东北部从加拿大到美国佛罗里达的广大地区，造成安大略湖彻底结冻，这是有历史记录以来第二次。

1936 年　热浪袭击加拿大的马尼托巴省和安大略省，连续几天的气温都超过了 44℃，造成 1180 人死亡。高温使铁路钢轨和桥梁扭曲变形，树上的水果也被烤熟了。

1939 年　澳大利亚南部的一次热浪袭击造成 438 人死亡，这次“黑色星期五之火”摧毁了墨尔本附近许多城镇。

1940 年　吉姆·费德勒为美国辛辛那提的一个试验站首次播报电视天气预报。

1945 年　在高空飞行的美国空军飞行员发现急流——大束快速移动的空气被吹到高纬地区，仅比对流层低一点。

1947 年　北美有史以来最冷的温度记录在 2 月 3 日，出现在加拿大育空地区的斯纳格，当时气温下降到 -63℃。

1948 年　美国海洋学家亨利·梅尔森·斯托梅尔发表了一篇文章，解释了墨西哥湾流和大洋环流如何将全世界的热量重新分配。

1950 年　最早的电子计算机之一——电子数值积分器和计算机（ENIAC）制作了世界上第一次数值天气预报。

1952 年　英国伦敦发生了一次严重的雾霾，导致近 12 000 人死亡。从此以后，伦敦禁止燃烧煤。

1953 年　大西洋北海的暴风雨伴随着很高的潮水，淹没了英格兰和荷兰东部部分低海拔地区，造成 2000 多人死亡。

1957 年　美国海洋学家罗杰·雷维尔警告人类排放温室气体的行为其实就是在地球上进行“大规模的地球物理实验”。

1960 年 世界上第一个人造气象卫星从美国佛罗里达州的卡纳维拉尔角发射，被称作电视红外观测卫星。

1962—1963 年 英国经历了自从1740 年有记录以来最冷的一个冬天，平均温度仅 0.8℃。

1966 年 有记录的世界上最大的一次降雨发生在印度洋留尼旺岛的佛克－佛克，仅一天时间就下了 182.5 厘米的雨量。

1970 年 20 世纪最严重的热带风暴发生在孟加拉国。风暴潮引起的大风和洪水造成了 30 万～ 50 万人的死亡。

1971 年 美籍日裔气象学家藤田设计了 6 个分类尺度来划分龙卷。在同一年，罗伯特・萨菲尔和赫伯特・辛普森，提出萨菲尔－辛普森飓风等级来衡量飓风的大小。

1974 年 澳大利亚北部的达尔文镇几乎被热带飓风“特蕾西”彻底毁坏。

1980 年 美国科学家路易斯和沃尔特・阿尔瓦雷斯认为，6500 万年前的一次陨石撞击墨西哥尤卡坦半岛事件，可能导致了当时世界气候的突然变化并随之导致恐龙灭绝。

1982 年 研究格陵兰岛冰气体样本的瑞士物理学家汉斯・奥斯克格，揭示了大气中的二氧化碳气体含量与全球变暖的联系。

1982—1983 年 一次厄尔尼诺事件破坏了太平洋地区的正常天气状况。东太平洋沿岸的厄瓜多尔和秘鲁的捕鱼业损失巨大。

1983 年 在南极洲的苏联东方站，记录到世界最低温度——－89.2℃。

1985 年 英国科学家们发现了南极大陆上方的一个臭氧层空洞。

1987 年 自 1703 年以来最猛烈的一次暴风雨席卷英国南部，将 1500 万棵树木连根拔起。

1990 年 美国地理学家马纳比利用世界气候计算机模型展示了全球变暖能够切断墨西哥湾暖流，使欧洲北部变冷，而不是变暖。

1991 年 菲律宾皮纳图博火山爆发，所喷出的火山灰释放到大气中，导致了暂时的全球变冷。全球平均温度下降了 2 年才开始继续上升。

1991—1992 年 非洲遭受了最严重的一次干旱期，当时，670 万平方千米的面积受到干旱的影响。

1995 年 在“路易斯”飓风期间，高达 30 米的海浪袭击了加拿大纽芬兰省的海岸。

1998 年 飓风米奇袭击美国中心，造成巨大的破坏，导致至少 1.1 万人死亡。

1998 年 加拿大遭受“世纪暴风雪”，毁坏了成百万的树木，刮倒了 12 万千米的电线和电话线。

2003 年 欧洲经历了 500 年内最热的一个夏季，导致约 3 万人死亡。

2004 年 关于海湾洋流的测量表明，自 20 世纪 60 年代以来，这个洋流的流速降低了 30%。这表明海湾洋流处于危险的状态。

2005 年 英国南极洲勘探揭示，南极洲西部大冰原正在碎裂，可能会造成全球海洋洋面上升 5 米，淹没低海拔的城市和地区。

2005 年 飓风“卡特里娜”毁坏了美国南部城市新奥尔良，造成 1000 多人的死亡。2005 年是有记录以来最严重的一次太平洋飓风季，27 次已命名的暴风雨中有 14 次是飓风事件。

2008 年 “纳尔吉斯”强热带风暴横扫缅甸人口稠密的伊洛瓦底三角洲，造成灾难性破坏。13.8 万人死亡，是有史以来最致命的热带气旋之一。

2010 年 经过 12 年炎热干燥的天气，澳大利亚结束有记录以来最严重的干旱。

2018 年 美国加利福尼亚州经历了有史以来最致命的大火。

2018 年 在中国，50 年来最极端的热浪打破了北京 39℃气温的纪录。

2019 年 冰冷的极地空气向南越过北美，创造了 －30℃的极端寒潮。

词汇表

暴洪

大暴风雨后，洪水上升很快，可能形成非常强大的急流。并伴随着数小时内引起灾害。

北回归线

地球上一条假想的线，在这条线上，每年6月21日左右太阳光直射头顶。北回归线是热带的北界。

北极圈

一条环绕地球的假想的线，在北纬66° 33′。北极圈是盛夏极昼的界限。

本土的

在某个特定的地区自然发现的，没有被人介绍过。

冰河

大量的冰缓慢向下流动，就像一条冰冻的河。

波浪云

发展于气流中寒冷波顶部的云，这种波通常在气流上升到山的边缘时产生，然后再次下降。

尘暴

由于干旱以及在干旱土壤上过度种植农作物引起的人造沙漠，使土壤变成了灰尘。大风把大量尘埃及其他细粒物质卷入高空所形成的风暴。

赤道

在地球中部半径最大地方的一条假想的线。

赤道辐合带（ITCZ）

赤道附近的一个区域，在这里暖湿气流上升。赤道辐合带随着季节向北或者向南移动，经常伴随着很深厚的云。

臭氧

一种气体，由三个氧原子构成。臭氧可以出现在地表，通常在大气中形成臭氧层。臭氧层能够吸收太阳辐射中的某些紫外辐射部分。

大陆

大面积的陆地，比如大洲。

大陆性气候

一种气候类型，冬天寒冷，夏天炎热干燥，是大陆中部的典型气候类型。

大气

环绕在一个星球（例如地球）周围的气体层。

大气压

由于空气重量造成的压力，通常在海平面测量。

地形云

地形抬升的水汽形成的云。

等压线

在天气图上，气压相同的地方连成的线。

低压

气压较低的区域。

电磁波谱

整个太阳辐射的波长范围，从波长非常短的γ射线到波长非常长的无线电波，包括可见光。

对流

气体或液体由于被加热引起的有规律的移动和循环。

对流层

地球大气最贴近地面的一层，气候变化都发生在这一层。

对流层顶

对流层（大气的最低一个层次）和平流层的边界。

对流单体

气体或者液体不断地循环，被加热得到能量。

对流云

湿空气受热上升形成的云。

二氧化碳

一种气体，在大气中所占比例很小。有生命的物体比如植物能利用二氧化碳制造食物。二氧化碳也是一种温室气体。

反气旋

在一个高气压区域，冷空气下沉，在近地面扩散。

反照率

指太阳辐射被一个物体表面反射的百分比。例如：冰面作为反射面具有很高的反照率（约 80%）。

费雷尔环流

平均经向三圈环流中的中纬度环流圈。费雷尔环流是一种大尺度的空气环流系统，在回归线附近空气下沉，流向极地方向，然后作为极地锋上升。

分子

化学物质的最小量，由构成物质的原子构成。比如一个水分子就是由两个氢原子和一个氧原子构成的。

锋

温度或密度差异很大的两个气团之间的界面。如果气团是暖的，它的前端称为暖锋；如果气团是冷的，它的前端称为冷锋。

辐射

在大气或者空间发射电磁射线或者电磁波。比如太阳的可见光和热量就是辐射的一种形式。

过度冷却

比某种物质正常情况下发生状态改变的温度还要低。通常用来描述温度已经降到水的冰点以下，但是水仍然没有结成冰。

干旱

降水稀少，气候干燥，像在沙漠中一样。

高压

高压天气系统，也叫反气旋。

锢囚锋

低压系统的最终阶段，移动的冷锋追上暖锋，将暖气团从地面抬起。暖锋和冷锋联合起来，形成锢囚锋。

哈得来环流

大尺度的气体环流系统，空气在赤道附近上升，向北或向南流，在南北回归线附近下降，然后流回赤道。

海洋性气候

受附近海洋影响很大、夏季凉爽、冬季温和多雨的气候类型。

毫巴

用来表示气压大小的单位。世界平均海平面气压为 1013 毫巴（mb）（1 毫巴 =100 帕）。

核聚变

较小原子的核或者原子核融合到一起，形成更大和更重一些的原子核，释放大量的能量。

红外线

长波辐射的一种，波长比红光长，肉眼看不到，但是能够感觉到它的热量。

极地

北极或者南极及附近地区。

极地东风带

北极或者南极地区，盛行风向为东风，这个地带称为极地东风带。

极地环流

大尺度的空气环流系统，空气在北极或者南极下沉，流向赤道方向，然后作为极地锋上升。

极锋

极地的冷空气与低纬的暖空气之间的大尺度边界，极锋里面的冷空气离开两极，推动下面的来自赤道的暖湿气流。

急流

大气层中一般强而窄的气流。

季风

大范围区域冬夏季盛行风向相反或接近相反的现象。随季节发生变化的风，影响天气状况。

季节风

一年中特定季节吹的风。

降水

以雨、冰雹或者雪的形式从云中落到地面的水分。

飓风

具有很大破坏性的热带气旋，可能由于热带低压发展形成。

科里奥利效应

地球旋转影响其表面移动的物体、气团和水的运动方式。

可见光谱

电磁波谱的一部分，包括可见光。可见光谱包括彩虹的所有颜色，从红色到紫色，这些颜色加到一起就是白色。

流星

从宇宙空间降落到地球大气层的岩石碎片，由于降落过程中摩擦加热，导致燃烧，被称作流星。到达地球表面的流星被称作陨星。

龙卷

一个强烈的非常集中的暴风雨，空气旋转到一个非常小的低气压区域。

霾

是指大量极细微的尘粒均匀地浮游在空中，造成空气普遍混浊现象。

密度

一种物质的紧密程度，如果这种物质被挤压在一起，将会更加紧密。

南半球

地球的南半部分，在赤道的南面。

南回归线

地球上一条假想的线，在这条线上，每年12月21日左右太阳光直射头顶。南回归线是热带的南界。

逆温

一般情况下，温度随着海拔的上升而降低，但是有些时候正好相反，温度随着海拔的升高而增高，这种情况叫作逆温。

凝结

使气体变成液体。

凝结核

依靠空气传播的非常小的颗粒，能够吸收水汽将其凝结成液体水滴。

碰并

两个水滴相互碰撞融合成的过程。

平流层

地球大气的一层，在对流层以上。

平流层顶

平流层和中间层的边界。

气候

一个特定区域典型的或平均的天气状况。

气流

空气和水分的流动。

气团

指气象要素（主要指温度和湿度）水平分布比较均匀的大范围的空气体。气团的冷暖干湿主要取决于发源地的下垫面状况。

气象学家

研究天气的科学家。

气旋

在一个低气压区域，暖空气被吸收和上升。气旋也就是低压。

潜热能

物体进行状态变化时吸收或者释放的能量。例如，当物体从气体变成液体时，就释放潜热。

热层

从 60 千米至 500 千米之间的大气层。

热带

南北回归线之间的区域，在赤道南北，十分炎热。

热的，热量的

与热有关系的。

热惯量

得到或者失去热量的快慢程度。海水具有较高的热惯量，所以它比陆地得到或者失去的热量慢。

上升气流或向上通风

空气或者水汽向上流动。

盛行风

在特定地区特定时间常吹的风。

湿度

空气中的水汽含量。

水蒸气

液态水受热蒸发变成看不见的气体，这种气体就是水蒸气。

苔原，冻土地带

在极地大冰原的边缘，寒冷没有树木的景观。

太阳的

与太阳有关的。

太阳系

围绕太阳运转的行星、月亮和小行星构成的系统。

湍流

气体或者液体的强烈的无规律的流动。

纬度

距离赤道北方或者南方的距离，单位是度（°），赤道上的纬度是 0°，两极是 90°。

温室效应

二氧化碳、甲烷和水蒸气等温室气体吸收部分地球辐射，而造成的一种升温加热效应。

污染

任何非自然产生的、对自然界有害的物质。

西风带

中纬度地区的风，风向为由西向东，吹得很稳定，经常比较强。

下沉气流

向下流动的气流。

信风

在热带海洋，稳定的从东向西吹的风。赤道北部的信风是东北风，南部是东南风。

旋涡，涡流

一种螺旋形的运动，气流或者水流被卷到中心区域上升或者下降，就像水流入小孔一样。

压力梯度

表示高低气压间的差别。空气从高压区流向低压区形成风，压力梯度越大，风速越大。

亚热带地区

赤道南北温暖的区域，在炎热的赤道地区和较冷的中纬度地区之间。

烟雾

空气污染的一种，通常由于烟粒吸收水蒸气形成了烟状的雾。

眼

热带风暴或者飓风的中心。

氧气

一种气体，在近地面上占大气含量的五分之一。氧气对所有生命都至关重要，动物利用氧气将食物转化为能量。

永久冻土

从不融化的冻土。

雨影区

空气中的水分以雨的形式降落在山脊的一侧，另一侧降水明显减少。这干的一侧就称为雨影区。

云底

云的最低部分。

蒸发

从液体变成气体。

质量

物体所含物质的多少，通常也用来描述大体积的东西，例如空气。

中间层

地球大气的一层，在对流层以上。

中间层顶

中间层和热层的分界线。

中纬度

亚热带和极地之间的区域。

重力

像行星这样的大物体的吸引力，它使得行星上的物体保持在它的表面。

轴

假想的线，所有东西都围绕这根线旋转。

紫外线（UV）

太阳的短波辐射能，波长刚好短于紫光。肉眼是看不到的，能够晒黑皮肤和引发皮肤癌。

致谢

Dorling Kindersley would like to thank Lynn Bresler for proof-reading and the index; Christine Heilman for Americanization; and Dr. Olle Pellmyr for her yucca moth expertise.

Picture Credits

The publisher would like to thank the following for their kind permission to reproduce their photographs:

Abbreviations key:
(Key: a-above; b-below/bottom; c-centre; f-far; l-left; r-right; t-top)

www.airphtona.com: Jim Wark 70bc; Alamy Images: Bryan and Cherry Alexander Photography 52bc, 69tl; Steve Bloom Images 9bl; Oote Boe 51cla; Gary Cook 27tr; Dalgleish Images 22bl; Danita Delimont 43bl; DIOMEDIA 19br; Terry Donnelly 65tc; Alberto Garcia 74-75b; Leslie Garland Picture Library 85tl; Robert Harding Picture Library 48bc, 49b; Colin Harris/LightTouch Images 19cr; David Hoffman Photo Library 81bl; ImageState 37bl; Justin Kase 33cla; David Noton / David Noton Photography 27tc; Dave Pattison 71crb; Chuck Pefley 11bl; Phototake Inc 84br; Ray Roberts 77bl; Jeff Smith 57tl; Joe Sohm 17br; Joseph Sohm 17br; Stock Connection 6br, 7tr; Stock Image 48bl; Homer Sykes 6cl; Tom Watson 52bl; Westend59 67br; Bryan and Cherry Alexander Photography: 25cra, 79tr; Frank Todd 16tl; Art Directors & TRIP: Helene Rogers 21br; www.atacamaphoto.com: Gerhard Hüdepohl 73b; © BBC 87cla; Michiel de Boer (http://epod.usra.edu): 53b; www.bridgeman.co.uk: 20cl;

Bruce Coleman Inc: J J Carton 16bl; JC Carton 16bl; Collections: David Mansell 23cr;

Corbis: Tony Arruza 49t; Craig Aurness 18tl; Steve Austin / Papilio 43br; B.S.P.I. 35cl; Anthony Bannister 73tr; Tom Bean 40bl; Steve Bein 25t; Bettmann 61tl; Jonathan Blair 46bl; Tibor Bognár 46br; Bruce Burkhardt 54bc; Chris Collins 21cr; Dean Conger 25crb; Chris Daniels 52t; Bernard and Catherine Desjeux 26tr; Warren Faidley 7b, 57br; Free Agents Limited 18bl; Alberto Garcia 74-75bc; Gustavo Gilabert 81cr; Farrell Grehan 13tl; Darrell Gulin 14br; Richard Hamilton Smith 87b; Henley & Savage 4-5; Walter Hodges 59cra; Hulton-Deutsch Collection 71br; Mark A. Johnson 71tr; Peter Johnson 76br; Wolfgang Kaehler 46-47t, 72c; LA Daily News/Gene Blevins 59crb; George D. Lepp 53tr; Massimo Listri 76bl; Grafton Marshall Smith 15tr; Rob Matheson 58r; John McAnulty 44bc; NASA 9br, 34t, 62bl; John Noble 68t; Charles O'Rear 73bla; Smiley N. Pool / Dallas Morning News 63r, 82bl; Clayton J. Price 13c; Jim Reed Photography 61b, 62tr, / Katherine Bay 59tl, / Jim Edds 85b; / Eric Nguyen 26bl; Roger Ressmeyer 31b, 81tl; Reuters 11tr, 60bl, 63cl, 68tl, bl, 73cr; Galen Rowell 23crb, 41tr, 47bc; Royalty-Free 32t; Ron Sanford 79cra; M.L. Sinibaldi 67t; Johnathan Smith / Cordaiy Photo Library 56cl; Paul A. Souders 26br, 71cra, 72b; Paul Steel 12b; Jim Sugar 81tr; Sandro Vannini 73cl; Michael S. Yamashita 57bl; Randy Wells 2; Anthony John West 41br; Staffan Widstrand 70tr; Zefa 44-45t; Empics Ltd: AP 7clb, 64t; PA 69cl; www.rfleet.clara.net: Richard Fleet 52br; FLPA - images of nature: B. Borrell Casals 59bl; Frans Lanting / Minden Pictures 78-79c; Steve McCutcheon 18br, 70bl; Flip de Nooyer 67bl; Getty Images: Adastra 21bl; AFP 71br; Altrendo 13tr; Daryl Balfour 17tr; Tom Bean 51r; Warren Bolster 33r; John Bracegirdle 28br; Per Breiehagen 71l; David Buffington 6cr; Gay Bumgarner 17bl; Chris Close 56br; Daniel J. Cox 39br; Grant Dixon 50b; Antony Edwards 35cra; John Elk 61tc; Michael Funk 51tl; Jeri Gleiter 51clb; Sean Gallup 82bla; Peter Hannert 35t; Pal Hermansen 66br; Jeff Hunter 56bl; Iconica 1; Johner Images 30l; Stephen Krasemann 58bl; Wilfried Krecichwost 81br; Frans Lemmens 78cl; Mike Magnuson 42bl; Eric Meola 38-39t, 60br; National Geographic / Michael Melford 24cr; John Miller / Robert Harding World Imagery 24cl; Alan R. Moller 56-57t; Pascal Perret 7tl; Per-Anders Pettersson 82tl; Photographers Choice 17bl; Photonica 33tl, 42-43t; Louie Psihoyos 79bc; Terie Rakke 51bl; Colin Raw 46c; Geoff Renner 23l; Nicolas Russell 81cl; Thad Samuels Abell Ii 48br; Joel Sartore 61tr; Philip Schermeister 78tl; Ed Simpson 9t; Jamey Stillings 31tr; Harald Sund 24b; Ken Tannenbam 55bc; Taxi 76t; Three Lions 69bl; Time Life Pictures 13b, 65b; Jean-Marc Truchet 6t, 19tr, 36br; Pete Turner 53c; Mark S. Wexler 75tr; Stephen Wilkes 48t; Ross Woodhall 15cl; Israelimages.com: Eyal Bartov 68bc; Hanan Isachar 68br; Kos Picture Source Ltd: 86t; Lonely Planet Images: Karen Trist 7ca;

Magnum: Ian Berry 35crb; Maya Goded 36bl; Gene E. Moore: (www.chaseday.com) 57cr; 60cl, c, cr; © 2004, Dr Alan Moorwood (amoor@eso.org) 53tc; Mountain Camera / John Cleare: 10t; Guy Cotler 10tr; N.H.P.A.: B & C Alexander 16c; Bryan & Cherry Alexander 16cla; Guy Edwards 16br; Haroldo Palo Jnr 41bl; NASA: 9c, 9fcr, 9cr, 10bl, 87clb, c, crb; NOAA 62br; National Gallery, London: 79crb; Nature Picture Library: Bristol City Museum 74bl; National Trust Photographic Library: John Hammond 20t; NOAA Photo Library: Ralph F. Kresge 45bra; NOAA Central Library, OAR/ERL/National Severe Storms Laboratory 85cr; Ocean-image.com/Mike Newman: 38c; Photolibrary.com: 22br; Diaphor La Phototheque 26crb; Paul Rapson (paul@rapson.co.uk): 84bl; Reuters: 57tr; Stefano Rellandini 50t; Andrew Winning 63bl; Rex Features: 68tr, 69tr; ESA 80bl, bcl, bcr, br; Keystone USA 82tc; Stuart Martin 33clb; SIPA 21bc, 80-81c;

Science & Society Picture Library: Science Museum Pictorial 40cl; Science Photo Library: Mike Boyatt / Agstock 43tr; British Antarctic Survey 47bl, 84tr; Dr Jeremy Burgess 37br; Peter Chadwick 27br; Georgette Douwma 11br; EFDA-JET 12tr; European Space Agency 85cl; FLPA / B. Borrell Casals 61bl; Simon Fraser 77t, 83b; Y. Hamel, Publiphoto Diffusion 74cl; Jan Hinsch 83cr; Adam Jones 44bl; John Mead 44bc, 55br; Peter Menzel 59tr, cl; NASA 8tl, 24tr, 40br, 65tr, 75cr; NOAA 77br; Pekka Parviainen 11cr, 45bl; Planetary Visions Ltd 59br, 64c;

George Post 47br; Philippe Psaila 84tl; Paul Rapson 49cr; Jim Reed 49c, 86bl; J.C. Revy 50c; David Scharf 74t; Mark A. Schneider 53tl; Peter Scoones 83tl; Sinclair Stammers 77cr; Alan Sirulnikoff 55br; University of Dundee 55tr; US Geological Survey 9cl; South American Pictures: Tony Morrison 73tl; Still Pictures: A. Asad 65tl; Mark Edwards 75br; Martin Harvey 17crb; J.M. Labat / Bios 17cra; JM Labat 17cra; Ted Mead 36-37t; Tom Murphy 83tr; Gene Rhoden 82r; Francois Suchel 45tr; Superstock: Francisco Cruz 55tl;

TopFoto.co.uk: 75tl; © University Corporation for Atmospheric Research (UCAR): 57cl; Paul Watts / imageclick.co.uk: 25b; Weatherstock/Warren Faidley: 45br; Whiteplanes.com / Neil Stuart Lawson: 44br; http://sl.wikipedia.org: 32bl

For further information see: www.dkimages.com